Effekte einer sechsmonatigen Trainingsintervention unter dem Einfluss manueller Therapie auf Rückenschmerzepisoden sowie physiologische und psychische Eigenschaften

Institut für Sportwissenschaften
Georg-August-Universität Göttingen

Fit im Forst

Effekte einer sechsmonatigen Trainingsintervention unter dem Einfluss manueller Therapie auf Rückenschmerzepisoden sowie physiologische und psychische Eigenschaften.

Abschlussarbeit zum Sportwissenschaftler, M. A.

eingereicht von

Bernd Steinhoff
Matrikel-Nummer: 20045959

Referenten: Prof. Dr. Arnd Krüger
Prof. Dr. Andre Niklas

Göttingen, 15.11.2008

Bibliografische Information der Deutschen Nationalbibliothek
Die Deutsche Nationalbibliothek verzeichnet diese Publikation in der Deutschen Nationalbibliografie; detaillierte bibliografische Daten sind im Internet über http://dnb.d-nb.de abrufbar.
1. Aufl. - Göttingen : Cuvillier, 2012

978-3-95404-067-4

Nonnenstieg 8, 37075 Göttingen
Telefon: 0551-54724-0
Telefax: 0551-54724-21
www.cuvillier.de

1. Auflage, 2012
Gedruckt auf säurefreiem Papier

978-3-95404-067-4

Inhaltsverzeichnis

1 Einleitung

Seit Jahren steigt die (volks-)wirtschaftliche und medizinische Bedeutung von Muskuloskelettalen Erkrankungen an. Dominierende Subgruppe der MSE als Ursache für Arbeitsunfähigkeitstage, Rehabilitationsmaßnahmen und Frühberentungen sind die Rückenschmerzen (SCHMIDT & KOHLMANN 2005). Neben den sehr häufig auftretenden akuten Rückenschmerzen stellt vor allem das Chronifizierungspotential der Rückenschmerzen ein sowohl für Unternehmen als auch für Krankenkassen enormes finanzielles Problem dar. Eine jährliche Belastung des Gesundheitssystems durch Rückenschmerzen und dessen Folgen in Höhe von 15 – 20 Mrd. Euro belegt dies (HILDEBRANDT 2005). Diese volkswirtschaftliche Bedeutung findet sich auch in der umfassenden wissenschaftlichen Bearbeitung des Themenkomplexes Rückenschmerzen wieder.

Untersuchungen haben die hohe Wahrscheinlichkeit belegt, dass beinahe jeder Bewohner einer westlichen Industrienation zumindest einmal in seinem Leben an Rückenschmerzen leidet (KOHLMANN & SCHMIDT 2005). Besonders problematisch ist die Erkenntnis, dass etwa 70% aller Rückenschmerzen einen rezidivierenden Verlauf nehmen (CROT et al. 1998).

Die hervorzuhebende Bedeutung dieser Thematik für das Berufsbild Forstwirt ergibt sich – neben dem schon lange proklamierten Zusammenhang zwischen schwerer körperlicher Arbeit und hohen krankheitsbedingten Fehlzeiten – aus einer Auswertung der Arbeitsunfähigkeitsdaten des Jahres 2003 von 18,5 Mio. erwerbstätigen Versicherten. Die Gruppe Waldarbeiter gehörte zu den zehn Berufen mit dem höchsten relativen Risiko (2,0 – 1,6) für eine rückenschmerzbedingte Arbeitsunfähigkeit (SEIDLER et al. 2008). Beeinflusst wird diese Anhäufung von Krankheitstagen durch die vergleichsweise hohe Rate an Unfällen während der Arbeitszeit. Als Konsequenz der schmerzhaften Beeinträchtigung sinkt neben der Lebensqualität des Betroffenen dessen Arbeitsleistung bis hin zur möglichen Arbeitsunfähigkeit. Insgesamt schlagen sich diese Feststellungen in einem mit 74% sehr hohen Anteil an durch Rückenschmerzen ausgelöste Frühinvaliditäten nieder (KASTENHOLZ et al. 1995).

Deren Eintreten bedeutet negative finanzielle Konsequenzen sowohl für den Arbeitnehmer, den Arbeitgeber als auch für die Gesellschaft als solches und lässt entsprechende Interventionsmaßnahmen als zwingend logische Konsequenz erscheinen.

Als mögliche positive Effektstärke für Muskel-Skelett-Erkrankungen, im speziellen für unspezifische Rückenschmerzen wird ein Präventionspotential zwischen 30 und 60% geschätzt (Friedel et al. 2005).
Ein Gesundheitsbericht der AOK im Jahr 2003, eine Abfrage der Arbeitsfähigkeit für das Kerngeschäft – die Holzernte sowie eine Warnung der Betriebsärzte führten zu einem Umdenken innerhalb der der Niedersächsischen Landesforsten (NLF) mit dem Ziel, umfangreich in die Gesundheit ihrer Mitarbeiter zu investieren.

2 Theorie

Rückenschmerzen werden in der Literatur sehr unterschiedlich eingeteilt. Es gibt Klassifikationen, die sich auf die Lokalisation der Schmerzen beziehen, die Intensität, die Dauer sowie den Zusammenhang mit aufgefundenen pathologischen Korrelaten.
Die Bezeichnung Rückenschmerzen fasst Schmerzen im gesamten Rückenbereich – vom letzten Halswirbel bis zur Analfalte – zusammen (LÜHMANN et al 2006). Aus diesem Grund müssen sie weiter nach ihrer Lokalisation unterteilt werden. So unterscheidet man zwischen thorakalen und lumbalen Rückenschmerzen. Das Halswirbelsäulensyndrom wird in der Literatur separat betrachtet. Vor allem in der angloamerikanischen Literatur findet man regelmäßig den Low-Back-Pain, der sich im Bereich „between the lower costal margins and the gluteal folds“, also zwischen den unteren Rippenbögen und der Analfalte, manifestieren kann (MANEK & MACGREGOR 2005).
Findet sich eine Pathologie im System der Wirbelsäule, die direkt in Zusammenhang zu dem Schmerzbild steht, wird von spezifischen oder radikulären Rückenschmerzen gesprochen. Mögliche spezifische Kasuistiken sind Wirbelfrakturen, Cauda equina Syndrome, Tumore oder entzündliche Erkrankungen. Radikuläre Probleme beinhalten Bandscheibenhernien, Spondylolysthesen oder klinische Instabilitäten. Jedoch beschränken sich die Anteile spezifischer und radikulärer Ursachen auf gerade einmal 1% bzw. 5% aller Rückenbeschwerden. In der Diagnostik deuten so genannte „red flags“ auf eine spezifische Ursache hin und verlangen, wenn vorhanden, eine genaue Abklärung (WADDELL 1998).
Bei einem großen Teil aller Patienten kann kein eindeutiger Zusammenhang zwischen Befund und Problematik festgestellt werden (WADDELL 1998) oder es treten Schmerzen ohne jeglichen organischen Befund auf. In diesem Fall wird die Aus-

schlussdiagnose „unspezifische Rückenschmerzen" gestellt (MÜLLER 2001). Es werden zwar Veränderungen an Bandscheiben, Facettengelenken, dem Bandapparat oder der Muskulatur vermutet, jedoch mangelt es an Möglichkeiten zu eindeutiger Diagnostik (HILDEBRANDT 2004). NACHEMSON fasst dies in dem Satz „Ich bin mir sicher, dass es segmentale Instabilitäten gibt, aber ich habe keine Ahnung, wie man sie definieren soll." zusammen (in HILDEBRANDT 2004). Diese Schwierigkeiten mögen in einer stark pathomorphologisch ausgerichteten Denkweise begründet liegen. Ein initiales Trauma wird zwar für nahezu alle akuten Rückenschmerzen angenommen, kann aber (noch) nicht identifiziert werden (LÜHMANN 2005). Werden funktionelle Zusammenhänge in den Vordergrund gestellt, kann gesagt werden, dass *„wer [...] dort behandelt, wo es weh tut, verloren ist"* (LEWIT 2007). Die Manuelle Medizin versucht, diesen nicht zufrieden stellenden Zustand zu beseitigen und hebt – nach Ausschluss der morphologischen Pathologien – die Funktion über die Struktur. LEWIT sagt, dass der unspezifische Rückenschmerz eine Funktionsstörung darstellt, die genauso spezifisch ist wie pathomorphologische Veränderungen (LEWIT & KOLAR 1998).

BADTKE und BITTMANN betonen hier die besondere Stellung eines veränderten motorisch-dynamischen Stereotyps, der vor allem durch Störungen des Iliosacralgelenks[1] eingeleitet werden kann (BADTKE & BITTMANN 1992). In der Entstehung dieser Störungen können verschiedene Elemente eines Regelkreises defizitär sein. Allgemein können Über- oder Fehlbelastung – auch in Form gestörter motorischer Stereotype –, Traumata, aber auch organische Pathologien, Blockierungen auslösen (LEWIT 2007, NEUMANN 1999). In der Konsequenz können sowohl motorische Stereotypen sowohl auf global-muskulärer als auch lokal-muskulärer Ebene gestört sein (MARSHALL & MURPHY 2006, COMERFORD & MOTTRAM 2001, JANDA 1984) und durch Behandlung mittels Manueller Therapie wieder in Richtung physiologischer Normzustand bewegt werden (ZELLER & KLAWUNDE 1979).

Neben der sensomotorischen Beeinflussung durch Blockierungen können Verletzungen und degenerative Prozesse – im Sinne von Schmerz → Substitution → Inkoordination (NIKLAS & SCHÜLER 2004) – eine Veränderung propriozeptiver und somatosensorischer Leistungen bewirken (LAUBE & HILDEBRANDT 2000, JEROSCH &

[1] Die häufigste Störung des Iliosacralgelenks ist die Blockierung – „reversible, hypomobile, artikuläre Dysfunktion" – die sowohl gelenkmechanische als auch neurophysiologische Konsequenzen nach sich ziehen (SACHSE & SCHILDT-RUDLOFF 2000, NEUMANN 1999, WOLFF 1996)

PRYMKA 1996, GILL & CALLAGHAN 1998, QUANTE & HILLE 1999), welche nach längerem Einfluss auch nach ihrer eventuellen Abheilung veränderte Steuermechanismen zurücklassen (MENSE 1999b, RASEV 1999). LAUBE vermutet weiter, dass „vielleicht die Korrekturmechanismen der Sensomotorik beim Low-Back-Pain-Patienten weniger schnell sind, so dass die angestrebte Körperhaltung 'einschwingend' erreicht wird“ (LAUBE & HILDEBRANDT 2000).

2.1 Therapie

Verschiedene Reviews setzen sich mit der Effektivität von Interventionen bei unspezifischen Rückenschmerzen auseinander. Hierbei wird nach (sub-)akuten und chronischen Rückenschmerzen differenziert. Grundsätzlich ist der ärztliche Rat, aktiv zu bleiben und Schonung zu vermeiden, angebracht. Bezüglich akuter Rückenschmerzen werden rein symptomatisch wirkende nichtsteroidale Antirheumatika, Muskelrelaxanzien sowie Paracetamol als wirksam dargestellt. Manuelle Therapie wirkt sich mit hoher Evidenz positiv auf das Schmerzempfinden in der akuten Phase aus (ASSENDELFT et al. 2005). Unterschiede zwischen der Beibehaltung alltäglicher Aktivitäten und beliebigen Formen der Bewegungstherapie incl. Rückenschule können nicht herausgestellt werden – intensive Kraftübungen können sogar kontraproduktiv sein (VAN TULDER et al. 2006). Neuere Studien zeigen nach gezielten trainingstherapeutischen und/oder manualtherapeutischen Maßnahmen im akuten Stadium einen deutlich reduzierten Bedarf an Schmerzmitteln (PEPIJN et al. 2008).

In der Behandlung chronischer Rückenschmerzen treten aktive Maßnahmen in Form von „Exercise“ in den Vordergrund und sind den passiven Maßnahmen immer vorzuziehen (VAN TULDER et al. 2006, LINTON & VAN TULDER 2001). Besondere trainingstherapeutische Maßnahmen können durch einzelne Reviews nicht empfohlen werden, jedoch der Zusammenhang zwischen Rückenschmerzen und koordinativen Defiziten eindeutiger (MOK et al. 2004, TAKALA & VIKARI-JUNTURA 2000, RASEV 1999, LUOTO et al. 1998, MIENTJES & FRANK 1999, TAKALA et al. 1998, BYL & SINNOT 1991, NEWCOMER et al 2000, RICHARDSON 2004, HIDES et al. 2001, HODGES & RICHARDSON 1996, HODGES & RICHARDSON 1997, RADEBOLDT et al. 2001, MOSELEY 2004, PANJABI 1997), als der oft postulierte Zusammenhang zwischen Kraftzuwachs und der Schmerzreduktion (MICHALSKI et al. 2007, HILDEBRAND 2003, MANNION et al. 2001). VAN TULDERS Empfehlung für chronische

Rückenschmerzpatienten lautet Körperwahrnehmung mit kombinierter körperlicher Aktivierung.

Da Funktionspathologien auf einer sensomotorischen Fehlsteuerung (Koordinationsstörung) fußen (BITTMANN & BADTKE 1994), scheint es sinnvoll, dementsprechend koordinative Muster zu bearbeiten und nicht durch übliche Kräftigungsprogramme in den gewohnten Mustern die Dysfunktion zu festigen (GIBBONS & COMERFORD 2002). Dies ist ein zentraler Fehler, der in vielen Interventionsstrategien begangen wird und die Nachhaltigkeit der Intervention beeinflusst. Ein besonderes Augenmerk gilt dem Einbezug der segmentalen Muskulatur und deren Reintegration in die alltäglichen dynamisch-motorischen Stereotype. Der Begriff „propriozeptives Training" ist dabei nicht akzeptabel, da das afferente System nicht gesondert ansprechbar ist (LAUBE 2004) und weiterhin, abgesehen von den Muskelspindeln, auch nicht trainierbar zu sein scheint (HAAS et al. 2007).

Ziel eines sensomotorischen Trainings ist es, neben einer Verbesserung der Haltungsstabilität, die Muskeleinsätze in Bewegungen in den Dimensionen Zeit und Intensität zu optimieren. Die Qualität der Bewegungsausführung bildet also einen entscheidenden Faktor, der durch eine bestmögliche Ausrichtung der Körperteile zueinander und den bewussten Muskeleinsatz bestimmt wird. Um dieses zu gewährleisten, ist eine gute Körperwahrnehmung unerlässlich und muss einem entsprechenden Training vorangehen (FROBÖSE & NELLSEN 2003).

Das sensomotorische Training, welches alle motorischen Beanspruchungsformen beinhaltet, basiert auf der Koordination, die einen sinnvollen Einsatz der anderen motorischen Fähigkeiten erst ermöglicht (HÄFELINGER & SCHUBA 2004). Die permanente Regulation der Bewegung durch afferente Signale ist Grundvoraussetzung für den Erfolg der Anwendung (QUANTE & HILLE 1999). Die Afferenzen, vor allem aus den Schlüsselgelenken Fuß, Iliosakralgelenk und Halswirbelsäule sollen optimal sein (JANDA & VAVROVA 2006). Das heißt, dass neben einer optimalen willentlichen Positionierung entsprechender Strukturen für das Training mit Hilfe der Manuellen Therapie nach Möglichkeit reversible Dysfunktionen beseitigt werden sollen.

So ist im Sinne der Autostabilisation das Training mit herangezogenem Kinn und leicht flektierten Hüft- und Kniegelenken durchzuführen (GUSTAVSEN 1984) sowie in neutraler Haltung der Wirbelsäule, in der das lokale System fazilitiert werden soll (KLEIN-VOGELBACH 2000). Zusätzlich zum Einsatz der tiefen Stabilisatoren des Rumpfes durch willentliches Anspannen soll der Einsatz des „Kurzen Fuß" den Rehabilitationsprozess zusätzlich positiv beeinflussen (LEWIT 2007b). Beim Einsatz der Kurzfußtechnik werden phylogenetisch vorgegebene Bewegungsketten genutzt und über eine Afferenzverstärkung am kaudalen Ende – propriozeptiver overflow – (FREEMAN et al. 1965) intensiviert. Die Technik beruht auf einer Stimulation (Dehnung) der Spindeln in Muskeln und Sehen der langen Zehenbeuger und des M.quadratus plantae bei gleichzeitiger Kontraktion der kurzen Zehen-Flexoren, der Mm. vasti, Mm. glutaei und Bauchmuskeln. In der Folge stabilisiert sich das untere und obere Sprunggelenk, die Beinachse wird optimiert und Muskulatur der extensorischen Muskelkette fazilitiert. Eine so ausgelöste Repositionierung von Beckenposition und Beinlängendifferenzen sowie Korrektur von Gang- und Haltungsfehlern soll sich positiv auf Rückenschmerzen auswirken (KONDZIELLA 2003).

RASEV bemerkt hierzu: „Es ist ein Irrtum zu glauben, dass man die meisten Rückenschmerzen durch die Kräftigung der gesamten Rückenmuskulatur dauerhaft beseitigen kann. Es kommt nicht nur auf die Kraft an, sondern auf die Koordination, besonders der segmentalen Muskulatur, im Alltag (Arbeiten im Sitzen, Stehen) und bei länger anhaltenden monotonen Haltungen bestimmter Körpersegmente" (RASEV 1999). Es scheinen wesentlich komplexere sensomotorische Prozesse, als die „einfache" muskuläre Dysbalance die Körperhaltung zu beeinflussen (LAUBE & HILDEBRANDT 2000, KLEE 1995, BITTMANN & BADTKE 1994). Zumal auch koordinative Interventionen der einfachen Kräftigung überlegen zu sein scheinen, wenn es darum geht, Dysbalancen auszugleichen (HEITKAMP et al. 2001), als auch ein Training der „propriozeptiven Wahrnehmung" der Muskelkräftigung überlegen zu sein scheint (Oostendorp et al. 1998).

Bei muskuloskelettalen Erkrankungen haben Ansätze zur Primärprävention, z.B. ergonomische Maßnahmen, nicht zum erhofften Rückgang der Arbeitsfehlzeiten geführt (LÜHMANN & ZIMOLONG 2007). Eine echte Primärprävention scheint aufgrund der hohen Prävalenz bereits im jungen Erwachsenenalter nicht möglich (LÜHMANN 2005). Sekundärpräventive Maßnahmen versuchen die Frequenz der Rezidive, deren Dauer und eventuelle Chronifizierung zu reduzieren und so die mögliche Frühinvalidität zu vermeiden bzw. hinauszuzögern. In der Effektstärke der Programme – den krankheitsbedingten Fehlzeiten – lässt sich der Erfolg messen. Die Reduktion der diesbezüglichen Arbeitsunfähigkeit wird in der Literatur mit 12 – 36% angegeben (ALDANA 2001). Problematisch ist bei Programmen im betrieblichen Setting, dass gerade die Personen mit der höchsten Arbeitsunfähigkeit von den Programmen oft nicht angesprochen werden (SCHULTZ et al. 2002).

2.2 Manuelle Therapie

Die Manuelle Therapie oder Medizin befasst sich mit reversiblen Funktionsstörungen am Haltungs- und Bewegungsapparat. Es werden dabei diagnostische und therapeutische Techniken auf manueller Basis eingesetzt, die an der Wirbelsäule und Extremitätengelenken zur Auffindung und Behandlung dieser Störungen dienen.
Indikation zum Einsatz Manueller Therapie sind reversible Funktionsstörungen im Bewegungsapparat und die von ihnen verursachten reflektorischen Veränderungen (SCHILD-RUDLOFF 2006).
Die Störung der Gelenkmechanik wird von Propriozeption und Nozizeption des Gelenks registriert und weitergeleitet (WOLFF 1996, MENSE 1999b). Die Afferenzen aus der Gelenkkapsel werden im Hinterhornkomplex des Rückenmarks aufgearbeitet und können bei ausreichender Intensität über eine Beeinflussung der γ–Schleife das motorische Verhalten vor allem der segmental zugehörigen Muskulatur beeinflussen und sich so nachteilig auf die Haltungs- und Bewegungssteuerung auswirken (COENEN 1996).
Das Konzept der Manuellen Therapie beinhaltet grundsätzlich drei verschiedene Techniken: Die Mobilisation mit Impuls, die Mobilisation ohne Impuls sowie diverse Weichteiltechniken (DVORAK et al. 1997).
Da bei der Manipulation mit Impuls physiologische Barrieren überschritten werden darf sie nur von dafür ausgebildeten Ärzten, Osteopathen und Chiropraktikern durchgeführt werden. Nach der Verriegelung benachbarter Gelenke über manuelle Fixierung oder Facettenschluss ist es das Ziel der Manipulationen, die Gelenksblockierungen durch Anwendung geeigneter kurzer Hebelarme zu lösen. Der manuelle Impuls erfolgt dabei mit hoher Geschwindigkeit, kurzer, dosierter Amplitude und einem minimalen Kraftaufwand. Das Verhältnis der Kräfte von Vorspannung und Impuls soll bei etwa 9:1 liegen. Die entstehende Bewegung soll über die pathologische Bewegungsgrenze hinausgehen. Es darf aber niemals dabei die anatomische Bewegungsgrenze überschritten werden (DVORAK et al. 1997).
Mobilisationen ohne Impuls dagegen fußen auf sanften und rhythmischen Bewegungen. Der Druck in Richtung pathologische Bewegungsgrenze wird mit langsamer Ge-

schwindigkeit auf- und abgebaut. Die Bewegung beginnt an der pathologischen Bewegungsgrenze und soll durch Wiederholung der Technik zu einem stetigen Weggewinn in Richtung physiologische Bewegungsgrenze führen (DVORAK et al. 1997). Zu den Weichteiltechniken gehören alle Methoden, die auf der Behandlung der Muskulatur und des Bandapparates basieren. Im klassischen Sinn versteht man jedoch unter den Weichteiltechniken die Muskeldehntechniken und die Querfriktion von Muskulatur und Bändern. Weitere Weichteiltechniken sind die Neuromuskuläre Therapie, die Triggerpunktbehandlung und die Trainingstherapie. Zu den Neuromuskulären Techniken gehören die Mobilisation unter Ausnützung der direkten Muskelkraft, die Mobilisation unter Ausnützung der postisometrischen Relaxation und die Mobilisation unter Ausnützung der reziproken Innervation. Die Trainingstherapie beinhaltet aktive und passive Dehnungen sowie Muskelkräftigungen.

Die so erzielte Bewegungsmöglichkeit kann dann beispielsweise im Rahmen von physiotherapeutischer Übungen zur Bahnung und Konditionierung neuer Bewegungsmuster genutzt werden.

Wichtig ist die Einsicht, dass Blockierungen nicht nur mechanischer Auslöser von Funktionspathologien oder Schmerzen sind, sondern auch Ergebnis eines durch veränderte motorische Stereotype ausgelösten chronischen Hypertonus' sein können und damit nach der einfachen Mobilisation zu einer Rezidivbildung neigen (NEUMANN 1999, LEWIT 2007). Daraus folgt die Notwendigkeit weiterer Interventionen zur Senkung der Rezidivhäufigkeit (SCHILDT-RUDLOFF 2006).

3 Aufgabenstellung

Das Institut für Sportwissenschaften der Universität Göttingen wurde beauftragt, ein Konzept für eine sechsmonatige Pilotphase zu erstellen, dessen (sportpraktische) Inhalte im Rahmen eines Betriebssports den beruflichen Belastungen der Forstwirte entgegenstehen, ihre Gesundheit fördern und als Folge dessen die wirtschaftliche Belastung der Niedersächsischen Landesforste durch Arbeitsunfähigkeiten senken.

Zielgruppe der Intervention waren die Forstwirte und Forstwirtschaftsmeister, welche auch für die Evaluation herangezogen wurden. Zusätzlich nahmen die jeweiligen Forstamtsleiter bzw. Forstamtsleiterinnen, Auszubildende sowie weitere Angestellte des jeweiligen Forstamts bis zu einer maximalen Gruppengröße von 35 Personen an der Intervention teil.

Am 12. und 13. September hospitierten Mitarbeiter des Instituts für Sportwissenschaften im Forstamt Clausthal. Alltägliche Arbeitsabläufe der Forstwirte wurden beobachtet und auf ihr mögliches Belastungspotential hin analysiert.

Die Arbeit der Forstwirte findet in erster Linie im Wald und seiner direkten Umgebung statt. Schwerpunkt der Arbeit ist die Holzernte, deren Gewichtung jedoch regional und saisonal unterschiedlich ausfallen kann. Weitere typische Tätigkeiten sind die Bestandsbegründung, die Bestandspflege, der Bau und Betrieb von Waldwegen sowie Waldschutzarbeiten (Zaunbau, Insektenbekämpfung) (GRÖGER & LEWARK 2001). Laut GUV I-8520 verteilen sich die Arbeitsanteile zu etwa 40-60% auf die Holzernte, zu 10-20% auf die Waldpflege sowie 10-20% auf die Waldbegründung (BUNDERSVERBAND DER UNFALLKASSEN 2001). Das Spezialgebiet Maschinenführer von Forwardern oder Harvestern soll hier nicht näher beschrieben werden, da diese Gruppe nicht Bestandteil des Projekts ist.

Kennzeichen der meisten Tätigkeiten sind die Durchführung auf unebenem Untergrund (VOLLMER 1992), oft in Verbindung mit einer Rutschgefahr, sowie das Einnehmen von ungünstigen Körperhaltungen über eine gewisse Zeitdauer. Als Grund für das sehr gehäufte Auftreten von Rückenproblemen bei Forstwirten wird oft der häufige und dann auch längere Aufenthalt in stark vorgebeugten Positionen genannt (SLAPPENDEL et al. 1993). Obwohl die Ergonomie ein zentrales Thema in den Arbeitswissenschaften und auch in den Forstwissenschaften ist – zum Beispiel Verbesserungen der Körperhaltungen beim Fällschnitt (HARSTELA 1992) – sind viele Forstwirte in ihren gewohnten passiven Haltungen zu beobachten. Der Untergrund macht eine kniende Haltung während des Fällschnitts unangenehm, zudem erscheint sie zeitaufwendiger und neue, untrainierte Bewegungen sind zu Beginn mit einem erhöhten Energieaufwand verbunden. Die Konsequenz ist ein stark gebeugter Rücken bei gestreckten Beinen. OWAS-Analysen[2] nennen hier Zeiten von 38,4% der

[2] Das Ovako Working Posture Analysis System klassifiziert 252 verschiedene Körperhaltungen per Beobachtung und ordnet sie unterschiedlichen Risikoklassen zu (KARHU et al. 1977).

Arbeitszeit mit einem gebeugten Rücken und weitere 10,4% in vorgebeugter und rotierter Position (VÄYRYNEN 1986).

Abbildung 1: Typische Position eines Forstwirts beim Entasten

Weitere Belastungsfaktoren (GRÖGER & LEWARK 2001, SLAPPENDEL et al. 1993) sind Abgase, Lärm und Vibrationen der Maschinen insb. Motorsägen, das Gewicht der Persönlichen Schutzausrüstung mit bis zu 8kg sowie die Auswirkungen des Klimas in Verbund mit der intervallartig durchgeführten Arbeit. In den letzten Jahren wurde die Belastung der Forstwirte durch Abgase mittels Einsatz benzolfreier Kraftstoffe[3], durch Vibration mittels Antivibrationssystemen und durch Lärm in Form eines zwingenden Einsatzes von Gehörschützern[4] deutlich reduziert. Die Bedeutung psychosozialer Faktoren wird in der jüngeren Vergangenheit immer höher eingeschätzt (HAGEN et al. 1998) und schlägt sich in Diskussionen über Arbeitsorganisation und Entlohnungsmodelle nieder.

Die Arbeit der Forstwirte ist also neben der physiologischen Einteilung als Schwerarbeit – VOLLMER (VOLLMER 1992) nennt Energieumsätze von 20 bis 32 kJ/min während der Waldarbeit – auch biomechanisch als Schwerarbeit einzustufen (HAGEN 1990).

Als Konsequenz des Missverhältnisses von Belastung und Belastbarkeit treten bei Forstwirten gehäuft Beschwerden im Muskel-Skelettapparat auf und ziehen Konse-

---

3 Nach § 16 Abs. 2 der Gefahrstoffverordnung und VSG 1.1 § 1(5) muss der Arbeitgeber sicherstellen, dass wenn auf gefährliche Betriebs- und Arbeitsstoffe nicht verzichtet werden kann, nur solche Stoffe verwendet werden, die Sicherheit und Gesundheit am wenigsten gefährden.

4 Unfallverhütungsvorschrift Forsten von 1997 § 4 (4): Die Versicherten haben die für Arbeiten mit der Motorsäge zur Verfügung gestellte persönliche Schutzausrüstung zu benutzen.

quenzen nach sich (MIRANDA et al. 2001). Arbeiten wie die von LEWARK und HÄRLE (LEWARK & HÄRLE 1991) beschäftigen sich mit der Frühinvalidität innerhalb der Forstwirte und zeigt hier bedenkliche Tendenzen in der Form auf, dass im Regierungsbezirk Darmstadt zwischen 1983 und 1990 45% aller aus dem Arbeitsverhältnis ausgeschiedenen Forstwirte in die Frühinvalidität entlassen werden. KASTENHOLZ et al. (KASTENHOLZ et al. 1995) findet ein überdurchschnittlich hohes Auftreten von Rückenschmerzen welches sich als häufigster Grund für die Invalidität herausstellt. Insgesamt werden in seiner Studie 91% aller Frühinvaliditäten auf Beschwerden und Erkrankungen am Stütz- und Bewegungsapparat zurückgeführt.

Nicht zu übersehen ist die Häufung der Unfälle innerhalb der Forstwirtschaft. Für das Jahr 2005 ist bei durchschnittlich 20,9 Arbeitsunfähigkeitstagen pro Waldarbeiter / Waldnutzer insgesamt, ein Anteil von 14,2% auf Arbeitsunfälle zurückzuführen. Waldarbeiter / Waldnutzer im öffentlichen Dienst weisen im selben Zeitraum höhere Zahlen auf: Durchschnittlich 26,9 Arbeitsunfähigkeitstage sind bei einem Anteil von 13,2% auf Arbeitsunfälle zurückzuführen (VETTER et al. 2007). Diese oft in muskuloskeletalen Beschwerden resultierende Akkumulation aus hoher Belastung und Traumafrequenz hat schon zu unterschiedlichen Ansätzen meist sekundärpräventiver Art geführt (BERGER 2004, HOHNKE 1995, LEINO et al. 1994, VÄYRYNEN & KÖNÖNEN 1991).

Eine weitere Grundlage boten Ergebnisse eines Vorläuferprojekts im Nationalpark Dassel. In Gesprächen mit Forstwirten und der Betriebsleitung wurde ebenfalls das Problem steigender Arbeitsanteile motormanueller Holzernte deutlich. Laut GUV I-8520 verteilen sich die Arbeitsanteile zu etwa 40-60% auf die Holzernte, zu 10-20% auf die Waldbegründung sowie 10-20% auf die Waldpflege (BUNDESVERBAND DER UNFALL-KASSEN 2001). Eine Befragung der Forstwirte wird zeigen, dass der Anteil der Motorsägenarbeit ihrer Meinung nach absolut ausgereizt ist.

4 Durchführung

An der Pilotphase des Projekts „Fit im Forst“ nahmen fünf Forstämter teil:

NFA Clausthal (Bergland, 23 Forstwirte)
NFA Winnefeld (Bergland, 23 Forstwirte)
NFA Wolfenbüttel (Bergland, 19 Forstwirte)
NFA Ahlhorn (Flachland, 20 Forstwirte)
NFA Unterlüß (Flachland, 18 Forstwirte)

Als Kontrollforstamt **NFA Münden** (Bergland, 21 Forstwirte)

Als einleitende Maßnahme erfolgte in jedem Forstamt eine informierende und Bewusstsein schaffende Auftaktveranstaltung. Inhalte waren Informationen zum Hintergrund des Projekts sowie Hintergründe zur Anatomie und Pathologie der Wirbelsäule als auch der sich daraus ergebene Konsequenzen.

Die über ein halbes Jahr verteilten 26 Einheiten wurde durch jeweils zwei erfahrene und von Herrn Dick Egmond vom Institut für Angewandte Manuelle Therapie geschulte Physiotherapeuten mit manual-therapeutischem Hintergrund durchgeführt. Die manuelle Therapie wurde als zusätzliches Instrument zu den praktischen Übungen herangezogen, da akute Lumbalgien in der Regel mit funktionellen Störungen im Bereich der Wirbelgelenke oder Iliosakral-Gelenke einhergehen. Auslöser für solche Veränderungen sind vor allem Fehlbelastungen durch ungünstige Körperhaltungen und -bewegungen. Ein schlechter Zustand der Rückenmuskulatur kann ebenso wie degenerative Veränderungen als zusätzlicher begünstigender Faktor wirken.

Auch rein manualtherapeutische Programme im Rahmen des betriebsärztlichen Diensts konnten in der Vergangenheit bereits beachtliche Erfolge bezüglich der Arbeitsunfähigkeit aufzeigen (PATIJN & DÜRINCK 1992). Um Rezidivbildungen langfristig effektiv entgegenzuwirken, ist ein entsprechendes körperliches Training vonnöten. Hier rücken koordinative Elemente als Grundlage für einen langfristig effektiven Aufbau von physischen Ressourcen immer stärker in den Vordergrund. Dem wurde in dieser Konzeption Rechnung getragen. Neben einem Training der globalen Muskulatur sind kleine diagonale Bewegungen im Rumpfbereich eine sehr wirksame Methode zur reflektori-

schen Aktivierung der lokalen Muskulatur. Sehr positiv angenommen wurden auch die Entspannungsübungen zum Ausklang der jeweiligen Einheiten.

<table>
<tr><th>Einheiten</th><th colspan="5">Trainingsmethodik</th></tr>
<tr><td>1
2
3
4
5
6
7
8
9
10
11
12
13
14
15
16
17
18
19
...
26</td><td>allgemeines
Aufwärmen
-
einleitende
Mobilisations-
übungen</td><td>Körperwahr-
nehmungsschulung als
Vorbereitung auf
Koordinative Inhalte
↓
statische und
dynamische Übungen
auf stabilen und
instabilen
Untergründen zur
Verbesserung der
Koordination
↓
dynamische und und
arbeitsbezogene
Koordinations-
übungen</td><td>Rumpfstabilisation
mit dem
oszilierenden
Trainingsgerät
"Swing-Stick" in
Anlehnung an
Puta/ Herbsleb
unter zusätzlichem
Einsatz der
Kurzfüss-Technik
nach Janda
↓
steigende
Intensitäten</td><td>funktionelle
Kräftigungsübungen
mit Schwerpunkt auf
dem Rumpfbereich
↓
steigende
Intensitäten
↓
steigende
Intensitäten</td><td>Dehnungs-
übungen und
Übungen zur
aktiven
Entspannung
(PMR)</td></tr>
</table>

Abbildung 2: Angewandte Trainingsmethodik innerhalb der 26 Einheiten

5 Datenanalyse

Die Qualitätssicherung hat in den letzten Jahren auch im gesundheitlichen Bereich immer mehr an Bedeutung gewonnen. Um die Wirksamkeit der Intervention darzustellen, sind verschiedene Instrumente eingesetzt worden. Aus der Kontrollgruppe konnten 13 Datensätze ausgewertet werden, aus den intensiv vermessenen Forstwirten der Forstämter Clausthal und Winnefeld lagen nach der Abschlussuntersuchung insgesamt 42 Datensätze vor. Aus den Forstämtern Ahlhorn, Unterlüß und Wolfenbüttel gingen weitere 52 Fragebögen ein – ein Rücklauf von 91,3%. Auffällig war ein über die Kontrollgruppe (36,1%) und alle Interventionsforstämter (51,1%) hoher Anteil an Rauchern. Der Anteil regelmäßig Sport treibender Forstwirte (2x pro Woche oder mehr) lag im Forstamt Münden bei 30,8% über die Interventionsforstämter bei 28,7%. In der Abschlussbefragung gaben vier Forstwirte an, während der Projektlaufzeit wieder einen regelmäßigen Sport aufgenommen zu haben.

Kein gesonderter Untersuchungsgegenstand war das Körpergewicht, wobei auch dies intervenierender Maßnahmen bedarf: 11 von 13 Teilnehmern der Kontrollgruppe und 68 von 94 Forstwirten der Interventionsgruppe besaßen einen BodyMassIndex (BMI) ≥ 25, wovon 6 bzw. 18 Personen einen BMI ≥ 30 besaßen und somit nach WHO-Standard als adipös gelten.

	Clausthal (n=21)		Winnefeld (n=21)		Münden (n=13)	
	MW	SD	MW	SD	MW	SD
Alter	44,57	± 8,15	41,38	± 5,24	34,85	± 4,54
Altersgruppe	3,95	± 0,92	3,67	± 0,66	2,92	± 0,64
Größe	181,57	± 8,47	179,81	± 6,18	179,31	± 5,47
Gewicht	88,24	± 13,68	89,24	± 14,79	93,81	± 16,45
BMI	26,74	± 3,62	27,53	± 3,75	29,06	± 4,00
Teilnahme	21,90	± 2,21	20,48	± 3,76	---	

	Ahlhorn (n=19)		Unterlüß (n=15)		Wolfenbüttel (n=18)	
	MW	SD	MW	SD	MW	SD
Alter						
Altersgruppe	3,89	± 0,74	3,80	± 0,94	3,75	± 0,68
Größe	179,84	± 5,55	182,33	± 7,37	180,50	± 6,83
Gewicht	83,89	± 8,58	92,40	± 15,09	87,63	± 12,65
BMI	25,92	± 2,19	27,82	± 4,56	26,87	± 3,31
Teilnahme	17,42	± 6,27	20,51	± 2,01	23,63	± 1,75

Abbildung 3: Merkmale der Kontroll- und Versuchsgruppen (MW = Mittelwert, SD = Standardabweichung)

5.1 Kraftdiagnostik

Häufig werden mangelnde Kraftfähigkeiten im Zusammenhang mit Rückenschmerzen genannt. In den letzten Jahren entwickelte sich eine rege Diskussion, ob dieser Zusammenhang besteht oder nicht besteht. Als Verlaufskontrolle eines Trainingsregimes lässt sich die Kraftdiagnostik sinnvoll einsetzen. Die Messungen der isometrischen Maximalkraft von Rumpfflexion, -extension und -rotation wurden mit Geräten der Firma Schnell (Peutenhausen) durchgeführt. Eine computerisierte Darstellung der Drehmomente in Newtonmetern erfolgte über das Programm Diagnos 2000. Die Konstruktion der Geräte, das standardisierte Testprotokoll (siehe ANHANG) sowie die Erfahrenheit der Tester durch ihre langjährige Tätigkeit im Göttinger Rücken Intensiv Programm erlauben eine reliable und valide Analyse und einen inter- und intraindividuellen Datenvergleich (DENNER 1998).

Nach einer einleitenden Aufklärung über die Testprozedur und einem kurzen Aufwärmen mit Elementen der Rumpfrotation, -extension und -flexion in Partnerarbeit mit einem Ball, wurden die Probanden in der Reihenfolge Rumpfextension, Rumpfflexion, Rumpfrotation links und Rumpfrotation rechts getestet. Vor jeder Testung erfolgte ein dynamischer Aufwärmsatz (15 Wdh.) für die entsprechende Zielmuskulatur mit 40% des Körpergewichts (Rumpfrotation mit 25%) (HILDEBRANDT & PFINGSTEN 2003). Die genauen Einstellungen am jeweiligen Gerät sowie deren Funktionsweise sind bei DENNER 1998, HILDEBRANDT & PFINGSTEN 2003 näher beschrieben.

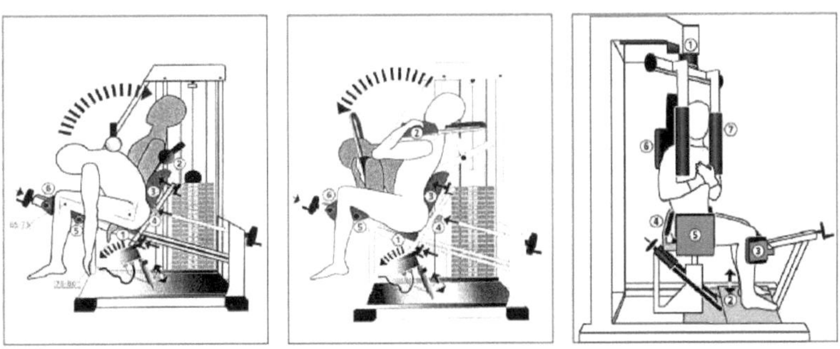

Abbildung 4: Rumpfflexion, Rumpfextension und Rumpfrotation (von links nach rechts) (DENNER 1998)

Eine einzelne Testung dauert 5 Sekunden. Die ersten 1-2 Sekunden dienen einem stetigen Kraftaufbau bis zu einem Plateau, welches über 2-3 Sekunden gehalten werden sollte. Anschließend wird der Druck gegen die Polster langsam gelöst (HILDEBRANDT & PFINGSTEN 2003). Als Ergebnis wird der maximale Wert aus drei Versuchen notiert. Es wurde versucht, den hohen motivationalen Einfluss auf Maximalkraftleistungen durch standardisierte, motivierende Kommandos auszugleichen. Da eine Korrelation zwischen Körpermasse und maximal erzielbarer Maximalkraft besteht (SKARABIS 1996) werden die absoluten Maximalkraftwerte in Relation zum Oberkörpergewicht gesetzt, um eine bessere interindividuelle Vergleichbarkeit zu erreichen. Dabei wird die Oberkörpermasse nach ZACIORSKIJ berechnet (DENNER 1998).

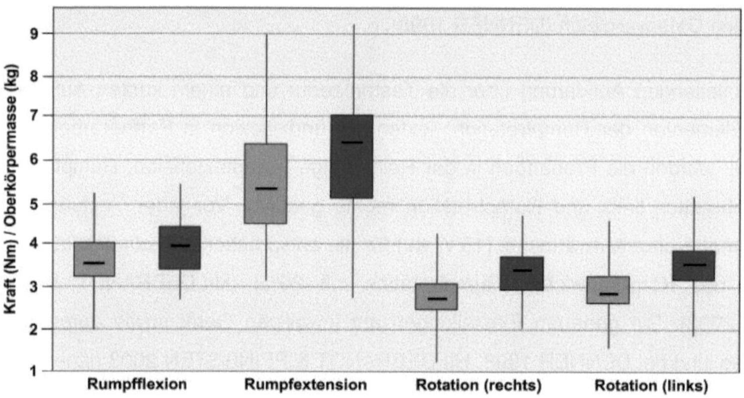

Abbildung 5: Darstellung der relativen Kraftveränderungen im Zeitverlauf als Boxplot-Diagramm (nur Versuchsgruppe, ■ vor der Intervention ■ nach der Intervention)

Bereits in der Eingangsdiagnostik zeigte sich ein sehr ausgewogenes Bild der Kraftfähigkeiten auf durchschnittlich hohem bis sehr hohem Niveau. Da sich die Rumpfkraft in Abhängigkeit von der Oberkörpermasse entwickelt, wurden die Kraftwerte auf diesen Wert bezogen (DENNER 1998). In den statistischen Untersuchungen zeigte sich jedoch kein Unterschied zwischen den relativen und den absoluten Kraftwerten. Somit wird sich im Text nur noch auf die absoluten Kraftwerte bezogen. Ebenso lag das Verhältnis von Flexoren zu Extensoren mit 0,69 nur knapp über dem in der Literatur geforderten Verhältnis von 0,67. In der Abschlussmessung ergab sich mit einem Verhältnis von 0,66 ein weiter optimierter Wert. Ebenso sank die durchschnittliche

Streuung um den Mittelwert von 0,18 auf 0,15. Somit kann also von einer Harmonisierung der Rumpfkräfte auf hohem Niveau gesprochen werden.
Innerhalb der Interventionsgruppen entwickelten sich alle Kraftwerte trotz des bereits recht hohen Eingangsniveaus hochsignifikant ($p > 0{,}001$). Die Begründung hierfür ist einerseits in einer verbesserten neuromuskulären Koordination zu suchen. Ungewohnte, „chaotische“ Zustände, welche durch die Trainingsgeräte ausgelöst werden, greifen in die Regelungsprozesse ein und verändern so hemmende Einflüsse. Eine strukturelle Veränderung im Sinne einer Hypertrophie ist durch die mit einem Termin pro Woche geringe Frequenz und die Schwierigkeit, mit einem gymnastischen Trainingsprogramm für dieses rumpfmuskelstarke Klientel ausreichende Trainingsreize zu setzen, sehr unwahrscheinlich (KONRAD et al. 1999).
Andererseits erzielte die Kontrollgruppe ebenfalls in der Rumpfextension und in beiden Rotationen signifikant höhere Werte. Diese Ergebnisse legen den Schluss nahe, dass nicht die Intervention alleine einen Einfluss auf die Kraftfähigkeiten besaß. Zum einen können Lerneffekte doch nicht ausgeschlossen werden, da gerade die koordinativ anspruchsvollen Rotationstestungen innerhalb der Kontrollgruppe die deutlichsten Fortschritte zeigten. Zum anderen gaben die Forstwirte der Kontrollgruppe aus Münden während der Projektphase eine Steigerung des Anteils motormanueller Holzernte von 70,8% auf 78,0% an, während der Anteil dieser Arbeit in den Forstämtern Winnefeld und Clausthal von 66,8% auf 58,8% sank, wohingegen die Pflanzarbeit von 11,2% auf 22,6% anstieg. Diese Veränderungen der Arbeitsanteile können sich gegenseitig beeinflussend ausgewirkt haben.
Der im Vergleich zur linksseitigen Rotation tendenziell geringere Ausgangswert der Rotation nach rechts ist in der Händigkeit der Forstwirte zu begründen. 39 von 42 Forstwirten gaben an, Rechtshänder zu sein. Somit wird die linksseitige Rotation (zum Körper hin) wesentlich häufiger im Alltag eingesetzt und es ergibt sich eine höhere neuromuskuläre Aktivierungsfähigkeit. Der Unterschied der Rumpfrotation im alltäglichen Gebrauch erklärt auch den, im Vergleich zur Linksrotation, größeren Zuwachs der rechtsseitigen Rotation. Durch die vornehmlich koordinativen Elemente konnte das neuromuskuläre Potential dem Ausgangswertgesetz folgend in höherem Maße abgerufen werden. Insgesamt konnte die Rotation die größten Zuwächse verbuchen.

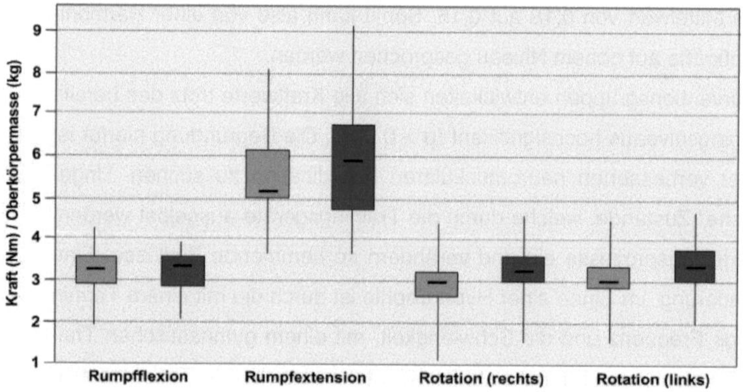

Abbildung 6: Veränderungen der Relativkraft innerhalb der Kontrollgruppe
(■ vor der Intervention ■ nach der Intervention)

Als Kritikpunkt muss hier die unterschiedliche Gestaltung von Versuchs- und Kontrollgruppen angeführt werden, die aus praktischen und organisatorischen Gründen als Tribut an die Struktur der Niedersächsischen Landesforste als Flächenbetrieb zählen muss. Während die Versuchsgruppe relativ homogen bezüglich ihrer Kraftfähigkeiten scheint, weist die Kontrollgruppe eine wesentlich größere Streuung auf.

5.2 Haltungsanalyse

Mit der MediMouse® ist es möglich, Form und Beweglichkeit der Wirbelsäule in der Sagittalebene vom siebten Halswirbel bis zum Sacrum darzustellen und digital zu analysieren. Die MediMouse® wird nach Palpation und Markierung des siebten Halswirbels, von diesem an möglichst genau über die Dornfortsätze bis zur Rima ani, welche mit dem Sacrum (S3) korreliert, geführt. Auf dieser Strecke passt sich der bewegliche Messkopf der Kontur des Rückens an. Über ein Pendelpotentiometer wird der Winkel des Messkopfs zum Lot bestimmt, gleichzeitig erfasst eine Lichtschranke die Position auf der abgefahrenen Strecke SEICHERT (SEICHERT 1994).

Gemessen bzw. bestimmt werden so die Kyphose- und Lordosewinkel von Brust- und Lendenwirbelsäule, die Inklination[5] sowie die Winkel einzelner Segmente (T1-2

[5] Der Inklinationswinkel liegt zwischen dem Lot ausgehend von C7 und einer Verbindungslinie von C7 und S3.

bis L5-S1) zueinander (KELLER 2000). Weiterhin kann die Wirbelsäulenbeweglichkeit dargestellt werden. Standard sind Messungen im aufrechten Stand sowie endgradige Extension bzw. Flexion. Zusätzlich ist eine Objektivierung des Haltungstests nach MATTHIASS möglich. Zu Beginn und am Ende einer 30sekündigen Gewichtsbelastung an den ausgestreckten Armen wird die sagittale Kontur der Wirbelsäule gemessen. Eine Differenzierung von physiologischer Ausweichbewegung und Haltungsschwäche ist jedoch nicht möglich. Es ist lediglich ein Prä-Post-Vergleich möglich, der eine geringere Ausweichbewegung mit einer Verbesserung der Halteleistung gleichsetzt. Die Gewichtsbelastung erfolgte modifiziert nach KLEE (KLEE 1995) (<70kg Körpergewicht: 3,75kg; 71 bis 85kg Körpergewicht: 5kg; über 86kg Körpergewicht 6,25kg).

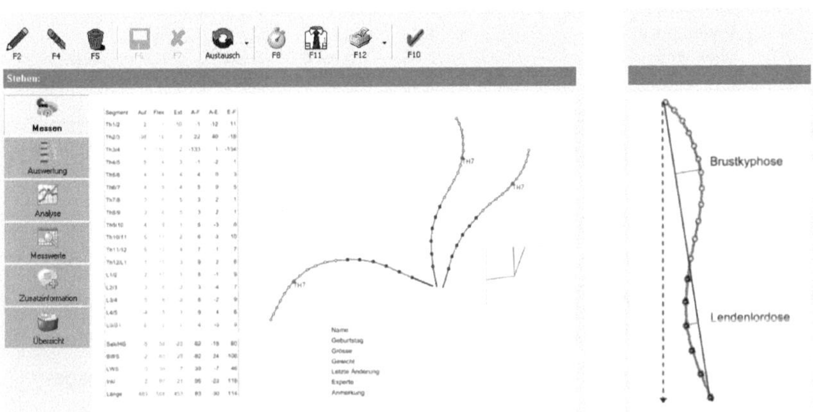

Abbildung 7: Bildschirmansicht der Medimouse®-Software (links)

MEIER stellt eine Eignung der MediMouse® zur objektiven Evaluation der Rückenform fest (MEIER et al. 2000), während SCHULTZ Vergleiche mit Röntgenaufnahmen der Wirbelsäule anstellt und die Objektivität sowie die Genauigkeit des Geräts belegt (SCHULTZ 1999). Nach weiteren Untersuchungen bezeichnet MANNION die MediMouse® als ein reliables Verfahren für die Darstellung der sagittalen Rückenform sowie der Wirbelsäulenbeweglichkeit. „As might be expected" stellt sie für die segmentale Beweglichkeit eine geringere Reliabilität fest (MANNION et al. 2004). Nachteilig sind die Erfassung ausschließlich statischer Daten sowie eventueller Probleme bei der Vermessung extrem korpulenter bzw. sehr beweglicher Personen.

Medimouse			Intervention			Kontrolle		
			MW	SD	Effekt	MW	SD	Effekt
Habituelle Haltung	Kyphose-winkel (°)	prä	49,24	± 5,80		47,38	± 6,58	
		post	46,81	± 5,39	***	47,92	± 5,71	n.s.
	Lordose-winkel (°)	prä	-27,86	± 5,23		-28,31	± 3,45	
		post	-26,52	± 5,20	*	-28,62	± 3,57	n.s.
	Inklinations-winkel (°)	prä	4,48	± 2,19		4,15	± 3,00	
		post	2,55	± 2,47	***	4,08	± 2,40	n.s.
Test nach Matthiass Beginn	Kyphose-winkel (°)	prä	46,86	± 10,13		45,08	± 5,77	
		post	45,17	± 10,55	n.s.	45,69	± 8,05	n.s.
	Lordose-winkel (°)	prä	-29,02	± 6,77		-28,69	± 3,71	
		post	-27,33	± 6,70	*	-28,85	± 5,47	n.s.
	Inklinations-winkel (°)	prä	0,83	± 3,77		1,08	± 3,30	
		post	1,14	± 3,54	*	1,15	± 3,76	n.s.
Test nach Matthiass Ende	Kyphose-winkel (°)	prä	48,40	± 11,71		48,08	± 5,16	
		post	46,64	± 10,11	n.s.	48,62	± 6,28	n.s.
	Lordose-winkel (°)	prä	-29,73	± 7,07		-29,38	± 5,08	
		post	-28,98	± 6,39	n.s.	-29,38	± 4,91	n.s.
	Inklinations-winkel (°)	prä	0,12	± 3,84		0,31	± 2,95	
		post	0,93	± 3,16	n.s.	0,38	± 2,53	n.s.
Range of Flexion		prä	52,74	± 8,97		61,08	± 6,61	
		post	59,48	± 9,48	***	60,08	± 7,32	n.s.

Tabelle 1: Statistische Darstellung der Haltungsanalyse

Die Haltungsanalyse zeigte in allen drei Bereichen signifikant zum „positiven" veränderte Ergebnisse. Eine Verringerung der Brustkyphose (49,24° → 46,81°) sowie der Lendenlordose (27,79° → 26,79°) resultiert in einer aktiveren Haltung. Die Inklination nahm ebenfalls von 4,48° auf 2,55° ab. So kann insg esamt von einer „verbesserten" aufrechten Körperhaltung und einer Abnahme entsprechender Risikofaktoren ausgegangen werden. Weiterhin spricht eine tendenzielle Abnahme der durchschnittlichen Abweichung vom Mittelwert für eine Stabilisierung der Haltung innerhalb der Gruppe. Die Kontrollgruppe zeigte in der Zwischenzeit keine auffällige Veränderung der Haltung. Neben einer Beeinflussung des komplexen Konstrukts Körperhaltung über die Sensomotorik ist auch die Aufmerksamkeitslenkung und der Erfahrungsgewinn um eine aufrechte Körperhaltung nicht zu unterschätzen.

Im Arm-Vorhaltetest nach MATTHIASS konnten ebenfalls Veränderungen im Zeitverlauf festgestellt werden, so fällt beispielsweise bei Lastaufnahme eine Reduktion der Kyphose auf, allerdings fielen diese weniger deutlich aus. Eine Möglichkeit der Erklärung ist in dem Berufsbild der Forstwirte zu finden. Der langjährige Umgang mit dem Heben und Halten von Lasten hat sich auf die Halteleistungsfähigkeit derart ausgewirkt, dass entsprechende Kraftkomponenten über ein gymnastisches Trainingsregime schwer zu erhöhen und eine sensomotorische Modifikation nur zu geringen Veränderungen unter Belastung führte.

	Maximalkraft Flexion		Maximalkraft Extension	
	Korrelation nach Pearson	Signifikanz (2-seitig)	Korrelation nach Pearson	Signifikanz (2-seitig)
Stand BWS	,041	,767	-,015	,915
Stand LWS	,079	,564	-,093	,501
Stand Inklination	,030	,830	-,116	,401
Beginn Matthiasstest BWS	,103	,452	,055	,691
Beginn Matthiasstest LWS	,148	,280	-,021	,877
Beginn Matthiasstest Inklination	,129	,349	,115	,402
Ende Matthiasstest BWS	,126	,360	,230	,092
Ende Matthiasstest LWS	,269*	,047	,006	,963
Ende Matthiasstest Inklination	,023	,866	-,070	,609

Tabelle 2: Korrelation zwischen Haltung und Kraft vor der Intervention

Ein Zusammenhang zwischen Veränderungen der Kraft und einer Veränderung der Haltung, wie ihn KLEE bereits 1995 nicht feststellen konnte, konnte auch hier in einer Korrelationsanalyse nach PEARSON nicht festgestellt werden.

	Maximalkraft Flexion		Maximalkraft Extension	
	Korrelation nach Pearson	Signifikanz (2-seitig)	Korrelation nach Pearson	Signifikanz (2-seitig)
Stand BWS	0,00	0,99	0,01	0,97
Stand LWS	0,08	0,54	0,14	0,30
Stand Inklination	0,14	0,31	0,03	0,85
Beginn Matthiasstest BWS	0,11	0,41	0,10	0,48
Beginn Matthiasstest LWS	0,05	0,72	-0,10	0,47
Beginn Matthiasstest Inklination	0,06	0,66	-0,01	0,93
Ende Matthiasstest BWS	0,15	0,28	0,21	0,13
Ende Matthiasstest LWS	0,11	0,43	-0,05	0,73
Ende Matthiasstest Inklination	0,08	0,58	0,04	0,75

Tabelle 3: Korrelation zwischen Haltung und Kraft nach der Intervention

	Maximalkraft Flexion		Maximalkraft Extension	
	Korrelation nach Pearson	Signifikanz (2-seitig)	Korrelation nach Pearson	Signifikanz (2-seitig)
Stand BWS	,062	,654	-,078	,572
Stand LWS	,061	,658	,019	,889
Stand Inklination	,092	,504	-,075	,585
Beginn Matthiasstest BWS	,031	,823	,013	,926
Beginn Matthiasstest LWS	-,153	,265	,080	,562
Beginn Matthiasstest Inklination	,221	,105	,058	,673
Ende Matthiasstest BWS	-,075	,586	,009	,947
Ende Matthiasstest LWS	-,117	,394	,141	,306
Ende Matthiasstest Inklination	-,124	,369	-,096	,486

Tabelle 4: Korrelation zwischen Haltungsveränderungen und Kraftveränderungen

Weder ein Zusammenhang zwischen Haltung und Rumpfkraft vor der Intervention, noch nach der Intervention noch zwischen den Veränderungen von Haltungs- und Kraftwerten im Verlauf der Intervention konnte festgestellt werden. Einzig ein schwacher Zusammenhang zwischen der Maximalkraft in Richtung Rumpfflexion und der lumbalen Wirbelsäulenkurvatur konnte identifiziert werden, scheint aber eher in den Bereich Zufall einzuordnen zu sein.

Als zusätzlicher Parameter konnte die maximale Amplitude der Lendenwirbelsäule in der Flexion ermittelt werden. Dieser, bei Rückenschmerzpatienten oft eingeschränkte Wert, konnte in der Versuchsgruppe signifikant erhöht werden, wohingegen die Kontrollgruppe nur eine minimale Abnahme des Eingangswertes aufwies. Insgesamt erscheint die Gruppe der Forstwirte überdurchschnittlich beweglich im Bereich der Lendenwirbelsäule. Ein Effekt, der wahrscheinlich auf den Einfluss der immer noch oft angewendeten ungünstigen Arbeitstechniken zurückzuführen ist. Weitere Untersuchungen könnten hier feststellen, ob diese hohe Beweglichkeit als Einflussfaktor auf das gehäufte Auftreten von Rückenschmerzen eine pathologische Potenz besitzt.

Zusammenfassend können in der Haltungsanalyse sowohl statistisch signifikante als auch tendenzielle Entwicklungen über den Zeitverlauf festgestellt werden. Neben den Veränderungen der Mittelwerte können innerhalb der Versuchsgruppe in nahezu allen Kategorien Verminderungen der Streubreiten festgestellt werden. Die hieraus zu ziehende Aussage lautet: Eine homogenere Population Forstwirte mit „besserer“ Haltung. Unterstützend zur Erklärung der Haltungsmodifikation durch das gezielte Ansprechen des sensomotorischen Systems auf ganzer Ebene können die verbesserten Standzeiten im Einbeinstandstandtest in Anlehnung an BOHANNON (BOHANNON 1984) gewertet werden. Denn es konnte eindeutig gezeigt werden, dass ein Balancetraining zu verbesserter Muskeleffizienz und besserer posturaler Stabilität führt und zumindest als Ergänzung zu reinem Krafttraining der Rumpfmuskulatur einzusetzen ist (KOLLMITZER et al. 2000). Vor allem unter Ausschluss des optischen Analysators konnten signifikante Verbesserungen erzielt werden. So stieg die durchschnittliche Standdauer bei offenen Augen von 42,26 auf 43,23 Sekunden und bei geschlossenen Augen von 16,98 Sekunden auf 22,62 Sekunden. Es wurde der durchschnittliche Wert von jeweils drei Versuchen bei einer maximalen Standdauer von 45 Sekunden gewertet.

Einbeinstand		Intervention			Kontrolle		
		MW	SD	Effekt	MW	SD	Effekt
mit offenen Augen	prä	42,26 ±	6,98		42,21 ±	5,54	
	post	43,13 ±	5,84	*	43,54 ±	4,45	n.s.
mit geschlossenen Augen	prä	16,98 ±	10,72		18,13 ±	10,29	
	post	22,62 ±	11,40	***	19,28 ±	10,79	n.s.

Tabelle 5: Standdauer im Einbeinstandtest (modifiziert nach BOHANNON)

5.3 Befragungen

Zur Beurteilung subjektiver Parameter – wichtigster Parameter einer erfolgreichen Therapie ist der subjektive Gewinn eines Menschen an Lebensqualität – wurden zusätzlich Fragebögen eingesetzt. Bei 103 teilnehmenden Forstwirten konnte ein Rücklauf von 94 Fragebögen erzielt werden (Quote 91,3%). Als Hauptfragebogen wurde der Medical Outcome Study Short Form SF-36 Health Survey (SF-36) in seiner validierten deutschen Version (Zeitfenster vier Wochen) eingesetzt. Er erfasst die wesentlichen Parameter der gesundheitsbezogenen Lebensqualität und wird regelmäßig in Rehabilitationskliniken sowie für gesundheits-ökonomische Fragestellungen eingesetzt (BULLINGER & KIRCHBERGER 1998). Mittels einer speziellen Syntax für das Statistikprogramm SPSS (eingesetzte Version 16.0) werden die dem Fragebogen entnommenen Werte umkodiert und zu acht Subskalen (0-100) transformiert:

- körperliche Funktionsfähigkeit (KÖFU)
- körperliche Rollenfunktion (KÖRO)
- körperliche Schmerzen (SCHM)
- allgemeine Gesundheit (AGES)
- Vitalität (VITA)
- soziale Funktionsfähigkeit (SOFU)
- emotionale Rollenfunktion (EMRO)
- psychisches Wohlbefinden (PSYC)

Da es sich hier um Forstwirte handelt, die aktiv ihren Beruf ausüben und keiner klinischen Population entsprechen, müssen Deckeneffekte in einzelnen Subskalen akzeptiert werden. So wird die Aussagefähigkeit einzelner Bereiche, beispielsweise der körperlichen Rollenfunktion oder der emotionalen Rollenfunktion (etwa 70% aller Forstwirte hatten bereits einen Ausgangswert von 100) eingeschränkt (vgl. RADOSCHEWSKI & BELLACH 1999).

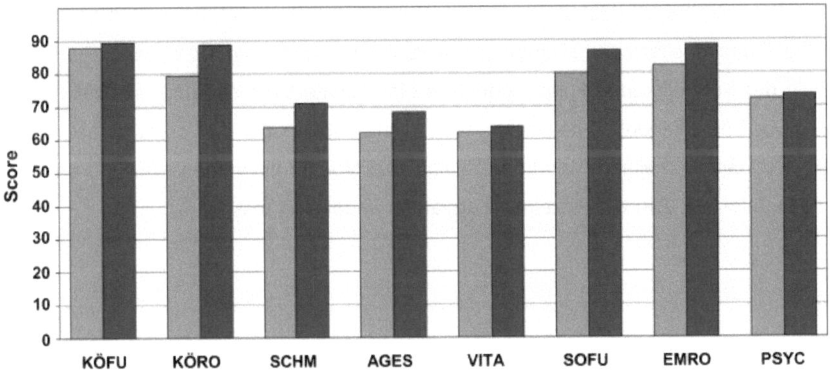

Abbildung 8: Darstellung der einzelnen SF-36 Dimensionen im Zeitverlauf
(nur Versuchsgruppe, ■ vor der Intervention ■ nach der Intervention)

Signifikante Verbesserungen sind in den Bereichen soziale Funktionsfähigkeit, körperliche Schmerzen, körperliche Rollenfunktion (jeweils $p < 0,05$) und allgemeine Gesundheitswahrnehmung ($p < 0,005$) festzustellen.

Auffällig war der zu Beginn niedrige Wert der Subkategorie körperlicher Schmerz (63,3 ± 24,7), welcher bei ähnlichen Schwankungen deutlich unter den Werten einer gesunden männlichen Normpopulation in Deutschland (82,5 ± 26,6) liegt und den Sinn einer therapeutischen Intervention für die Forstwirte verdeutlicht. Während der Intervention konnte dieser Wert auf 71,5 ± 20,0 gesteigert werden. Üblicherweise gilt bereits eine Veränderung ≥ 5 Punkten als klinisch relevanter Vorgang. Das Erreichen einer positiven Veränderung von 8,2 Punkten in der Schmerzkategorie ist also als deutlicher Erfolg zu werten.

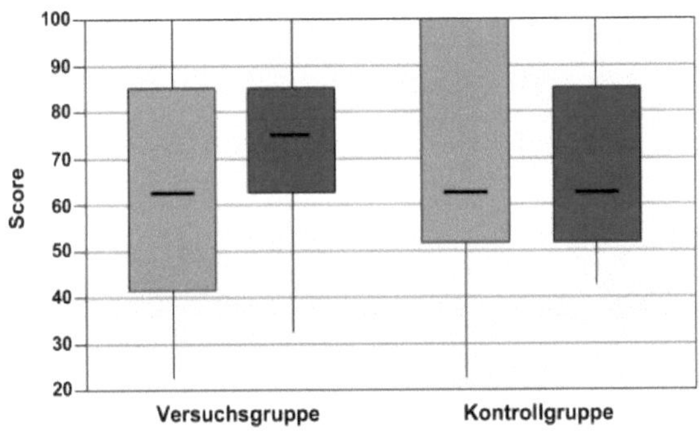

Abbildung 9: Veränderungen der SF-36 Dimension „körperliche Schmerzen"
(■ vor der Intervention ■ nach der Intervention).

Die innerhalb des SF-36 gestellte und separat auszuwertende Frage zur Verbesserung des Gesundheitszustands zeigt ebenfalls hoch signifikante Verbesserungen, innerhalb der Kontrollgruppe konnte ebenfalls eine leichte Verbesserung festgestellt werden. Der Effekt ist jedoch statistisch nicht nachweisbar. Über 50 Forstwirte empfanden ihren Gesundheitszustand im Vergleich zum Vorjahr als verbessert. Eine detaillierte Darstellung über die einzelnen Forstämter findet sich im Anhang.

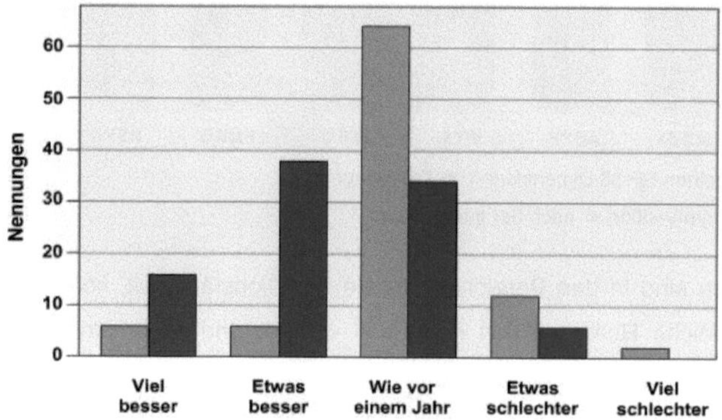

Abbildung 10: Frage 2 des SF-36: Häufigkeitsverteilung vor und nach der Intervention (Versuchsgruppe, ■ vor der Intervention ■ nach der Intervention)

Zusätzlich zum Scoring der Subskalen des SF-36 können aus den ermittelten Werten unter speziellen Gewichtungen eine körperliche und eine psychische Summenskala ermittelt werden. Die Auswertung zeigt in beiden Skalen einen erhöhten und damit verbesserten Wert im Vergleich zum Interventionsbeginn.

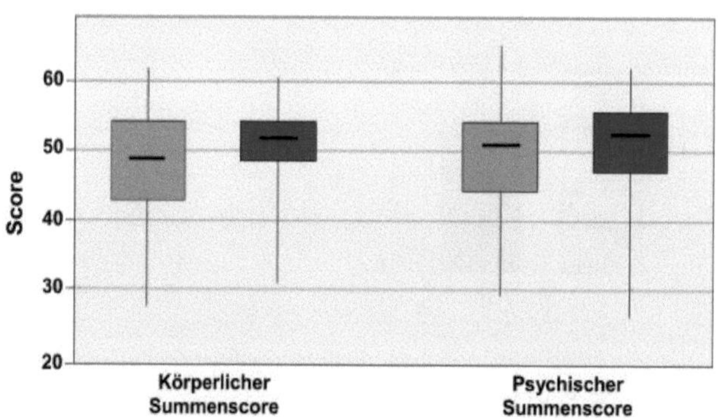

Abbildung 11: SF-36 Summenscore – Veränderungen innerhalb der Versuchsgruppe durch die Intervention (■ vor der Intervention ■ nach der Intervention)

Im Bereich der körperlichen Summenskala konnte der Effekt im Sinne einer Steigerung des Mittelwertes von 47,79 auf 50,46 bei einem Niveau von $p < 0{,}05$ auch statistisch festgestellt werden. Die Kontrollgruppe war recht stabil: einem Minus von 0,8 in der körperlichen Summenskala stand ein Plus von 0,4 in der psychischen Summenskala gegenüber.

Aufgrund der Deckeneffekte in einzelnen Subskalen konnte eine Verbesserung der gesundheitsbezogenen Lebensqualität wahrscheinlich nicht der Realität entsprechend ermittelt werden. So kann ein höheres Ausmaß der Summenscores mit hoher Wahrscheinlichkeit vermutet, aber nicht statistisch belegt werden. Entsprechende Instrumente für solch heterogene Zielgruppen existieren bislang noch nicht.

SF-36		Intervention				Kontrolle			
		MW		SD	Effekt	MW		SD	Effekt
körperliche	prä	87,72	±	14,15		93,85	±	4,16	
Funktionsfähigkeit	post	90,16	±	12,98	n.s.	94,23	±	5,34	n.s.
körperliche	prä	79,62	±	32,51		92,31	±	18,78	
Rollenfunktion	post	88,32	±	25,53	*	94,23	±	14,98	n.s.
körperliche	prä	63,29	±	24,69		69,77	±	25,23	
Schmerzen	post	71,48	±	20,00	*	66,46	±	20,71	n.s.
allg. Gesundheits-	prä	61,86	±	15,90		64,69	±	12,01	
wahrnehmung	post	67,92	±	14,43	***	61,08	±	11,81	n.s.
Vitalität	prä	62,28	±	13,53		63,08	±	13,77	
	post	63,53	±	13,13	n.s.	63,85	±	11,02	n.s.
soziale	prä	80,03	±	18,90		93,27	±	8,25	
Funktionsfähigkeit	post	86,41	±	17,05	*	92,31	±	8,13	n.s.
emotionale	prä	82,61	±	28,59		100,00	±	0,00	
Rollenfunktion	post	88,04	±	25,48	n.s.	100,00	±	0,00	n.s.
psychisches	prä	72,65	±	13,53		76,92	±	14,25	
Wohlbefinden	post	73,87	±	14,20	n.s.	78,15	±	8,74	n.s.
Verbesserung	prä	2,97	±	0,79		2,92	±	0,76	
der Gesundheit	post	2,34	±	0,83	***	2,85	±	0,55	n.s.
Körperliche	prä	47,79	±	7,95		49,83	±	6,38	
Summenskala	post	50,46	±	6,63	*	49,07	±	4,63	n.s.
Psychische	prä	49,59	±	7,56		53,36	±	5,69	
Summenskala	post	50,62	±	7,30	n.s.	53,72	±	3,01	n.s.

Tabelle 6: Statistische Auswertung der unterschiedlichen SF-36 Konstrukte

Versuchsweise wurde bei den 42 Forstwirten aus Winnefeld und Clausthal sowie der Kontrollgruppe aus Münden der Performance Assessment Capacity Test (PACT) zur Selbsteinschätzung der eigenen Leistungsfähigkeit eingesetzt (MATHESON & MATHESON 1996). Dieser wesentlich umfangreichere Test erfragt 50 alltägliche Belastungssituationen und könnte so ein differenzierteres Bild der Leistungsfähigkeit darstellen. Doch auch hier zeigt sich ein recht einheitliches Bild über beide Gruppen und die Zeitverläufe. Es konnten nur tendenzielle Änderungen festgestellt werden. Aus dem gleichen Grund wurde von einem Einsatz des FFHB-R oder des Oswestry-Disability-Index abgesehen.

Die Interventionsgruppe verzeichnete einen Zuwachs von 182,7 auf 186,1 bei einer Abnahme der Standardabweichung von 19,9 auf 14,7, während die Interventionsgruppe um 2,4 Punkte von 190,2 auf 187,8 nachließ. Der Minimalwert stieg von 117 auf 138. Es können jedoch keine signifikanten Veränderungen festgestellt werden. Ab einem PACT-Index ≥ 180 ist der Getestete nach seiner Selbsteinschätzung für schwere bis sehr schwere körperliche Arbeit einsetzbar. Dem entspricht das Kollektiv der hier getesteten Forstwirte im Durchschnitt. Die Anzahl an Forstwirten mit einem PACT-Score ≤ 180 sank von 12 auf 8, war durch akute Ereignisse jedoch teilweise starken Schwankungen unterlegen.

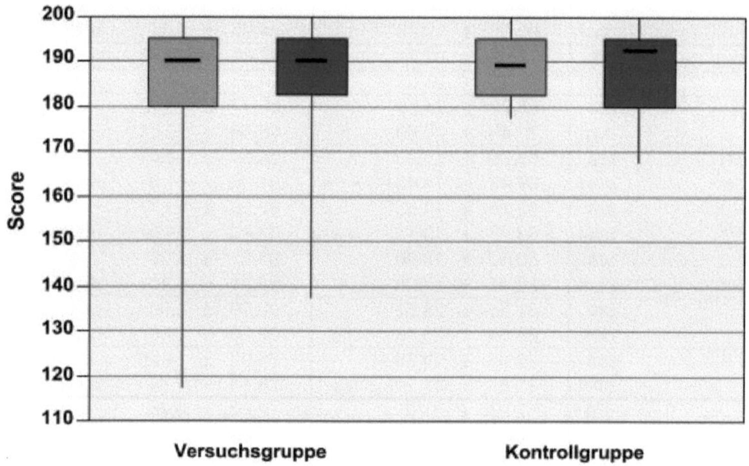

Abbildung 10: Darstellung der Ergebnisse des PACT-Tests (■ vor der Intervention, ■ nach der Intervention)

Weiterhin wurde zu Beginn und am Ende der Intervention ein selbst entworfener, nicht standardisierter Fragebogen abgefragt.

Ein großes Problem scheint oder schien zumindest der große Anteil der motormanuellen Holzernte zu sein. Dem subjektiven Empfinden der befragten Forstwirte machte diese Arbeit im Halbjahr vor Beginn des Projekts 59% der Arbeit aus und sank während des Projektzeitraums auf etwa 51%, wobei die Forstämter im Bergland deutlich höhere Werte aufzuweisen hatten (66,2% auf 59,8%).

Wahrscheinlich als Folge der langjährigen hohen Belastung sind die hier beschriebenen Forstwirte durch hohe Beschwerdeprävalenzen gekennzeichnet. Auffällig waren vor allem die hohen Jahresprävalenzen in Bezug auf Nackenbeschwerden (45,7%), Schulterbeschwerden (48,9%) und Beschwerden im Bereich des unteren Rückens (78,7%). Auch wenn der zeitliche Ausschnitt nur ein sehr kurzer ist und zufällige Schwankungen einfließen können, konnten die jeweiligen Wochenprävalenzen gesenkt werden: Nackenbeschwerden (36,2% auf 20,2%), Schulterbeschwerden (35,1% auf 29,8%) und Beschwerden des unteren Rücken (56,4% auf 41,5%).

Die Schmerzbelastung im unteren Rücken bezogen auf die letzte Woche wurde über eine Visuell analoge Schmerzskala (VAS) abgefragt. Deren Häufigkeiten zeigen eine Linksverschiebung im Sinne einer Abnahme der Schmerzen. Auffällig ist hier die Zunahme der Personen ohne bzw. mit Schmerzen in sehr niedrigen Intensitäten (0-2) und die Abnahme derer mit Schmerzen im mittleren Bereich (4-6).

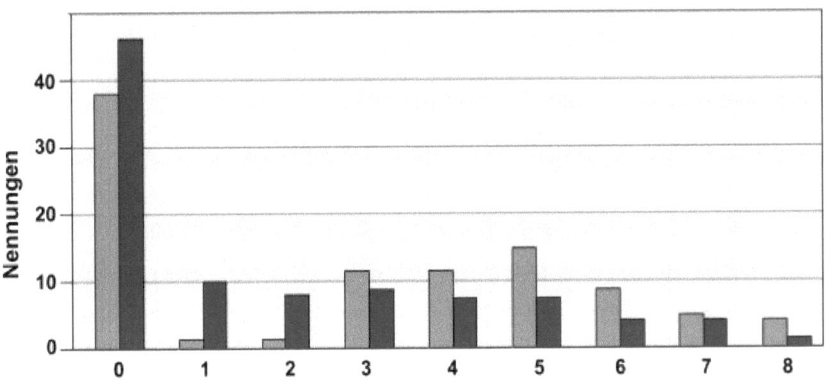

Abbildung 13: Häufigkeitsverteilung der Rückenschmerzstärke in den letzten sieben Tagen (■ vor der Intervention ■ nach der Intervention)

Diese Tendenzen lassen sich durch die Einschätzung der Forstwirte auf Veränderungen ihrer Beschwerden in den jeweiligen Bereichen untermauern. Vor allem das Ziel Reduktion von Schmerzen im Bereich der Lendenwirbelsäule konnte erreicht werden. Parallel zeigten sich Effekte für die Situation im Nacken- und im Schulterbereich, die nicht so deutlich ausfielen, aber innerhalb des Projekts auch nicht so intensiv angesprochen wurden. 16 Forstwirte enthielten sich einer Aussage bzgl. der Beschwerdeveränderung im unteren Rücken, 34 für den Schulterbereich und 45 für den Bereich Nacken. Da über 60 Forstwirte keine Angaben zu den Bereichen Knie oder Hüfte machten, wird auf deren Darstellung an dieser Stelle verzichtet.

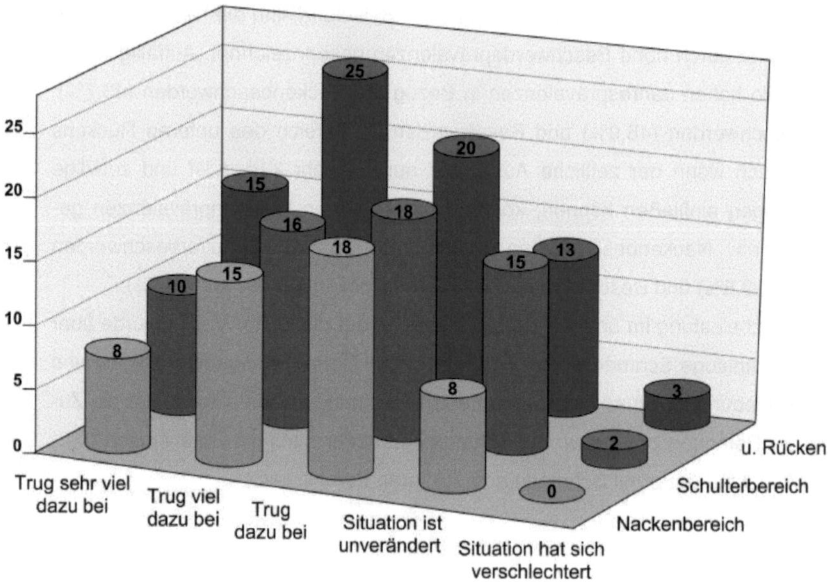

Abbildung 14: Häufigkeitsverteilung der Beschwerdeänderungen

Insgesamt zeigten sich die Forstwirte zum großen Teil zufrieden mit den Auswirkungen des Projekts auf ihre Gesundheit. 46 Forstwirte waren auf den beiden höchsten Stufen zufrieden mit ihren Gesundheitsverbesserungen. Es muss allerdings auch kritisch angemerkt werden, dass sich einige Forstwirte (19) auf den drei niedrigsten Stufen unzufrieden mit ihren Gesundheitsverbesserungen zeigten. Diese Gruppe spaltet sich in eine Gruppe (6 Forstwirte), die im Fragebogenprofil keine Probleme mit Rückenschmerzen aufwiesen, recht hohe Werte in den Summenskalen des SF-36 aufwiesen und in der SF-36 Subkategorie „Gesundheitszustand im Vergleich zum Vorjahr" Verbesserungen angaben, sowie 13 Forstwirte mit einem niedrigen Durchschnittswert in der körperlichen Summenskala, Rückenschmerzen an mindestens 8-30 Tagen in den letzten 6 Monaten und einem Durchschnittswert auf der VAS von 4,1 bzgl. Rückenschmerzen in der letzten Woche.

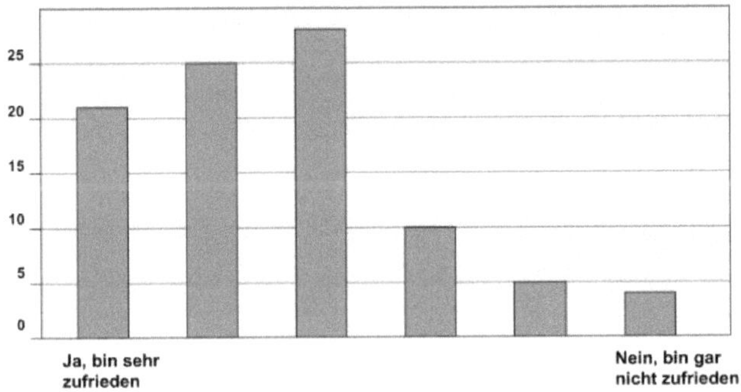

Abbildung 15: Häufigkeitsverteilung der Zufriedenheit mit den Gesundheitsverbesserungen

Während die eine Gruppe nicht oder nur wenig von der Intervention profitiert zu haben scheint, kann bei der anderen eine zumindest subjektive Unterforderung in Bezug auf die Trainingsreize vermutet werden. Eine weitere Differenzierung des Trainings scheint hier als eine logische Konsequenz.

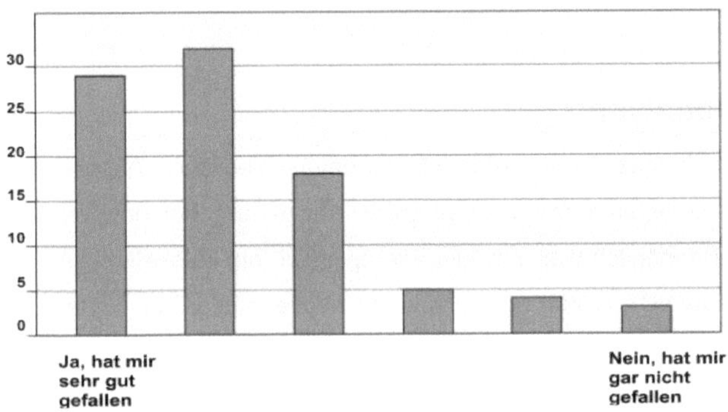

Abbildung 16: Häufigkeitsverteilungen der Akzeptanz des Projekts „Fit im Forst“

Ebenso gaben die Forstwirte zum großen Teil an, dass ihnen das Projekt und seine Inhalte gut gefallen haben (sehr gut und gut: 63 Personen). Eine höhere Akzeptanz wäre aus den oben genannten Gründen wohl bei noch differenzierterem Ansatz zu erlangen gewesen bzw. muss als Ansporn für folgende langfristig angelegte Projekte gelten.

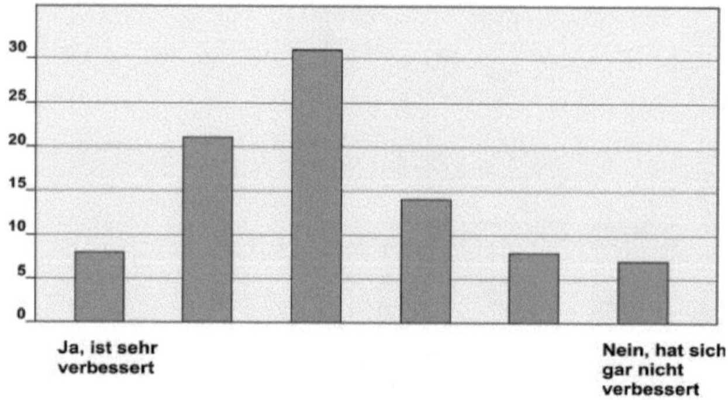

Abbildung 17: Häufigkeitsverteilung der Angaben zur Verbesserung des Betriebsklimas

Die erhofften Auswirkungen auf das Betriebsklima fielen deutlich geringer aus als die Auswirkungen auf die Gesundheit. Hier empfanden insgesamt nur 18 Forstwirte eine Verbesserung auf den ersten beiden Stufen. Von Seiten der Forstamtsleitung wird das Betriebsklima als deutlich verbessert eingeschätzt.

5.4 Muskelfunktionsanalysen

Da in der Kürze der Vorbereitungszeit und aufgrund des unterschiedlichen Ausbildungsstandes der Physiotherapeuten keine standardisierte Auswertung der physiotherapeutischen Untersuchung möglich war, soll hier exemplarisch die Muskelfunktionsanalyse in Anlehnung an JANDA (1994) am Beispiel der Wolfenbüttler Forstwirte herangezogen werden. Durchgeführt wurde die Analyse von einem erfahrenen Orthopäden, Dipl. med. Burkhard Distel. Das Protokoll der Untersuchung ist im Anhang zu finden. Für eine Auswertung wurden die Angaben auf Werte von 0 bis 4 transformiert und in die Bereiche Beweglichkeit und Kraft summiert.

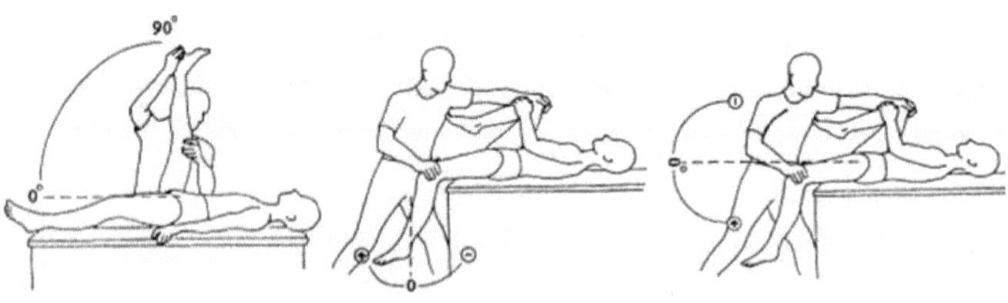

Abbildung 18: Testpositionen für die ischiocrurale Muskulatur, den M. rectus femoris und den M. iliopsoas (in dieser Reihenfolge)

Verschiedene Autoren (JANDA 1994, LEWIT 2007) betonen den negativen Einfluss von Muskelgruppen mit verminderter Dehnbarkeit auf die Statik und die physiologische Funktionstüchtigkeit der Wirbelsäule. Aufgrund alltäglicher Bewegungsmuster verändern einzelne Muskeln ihre Konfiguration, welche in geringerer Dehnbarkeit oder geringerer Aktivierbarkeit resultiert. Vor allem der M. iliopsoas (Hüftbeugung), der M. rectus femoris (Hüftbeugung / Kniestreckung) und die Mm. ischiocrurales (Hüftstreckung / Kniebeugung) stehen in engem Zusammenhang mit Wirbelsäulenbeschwerden.

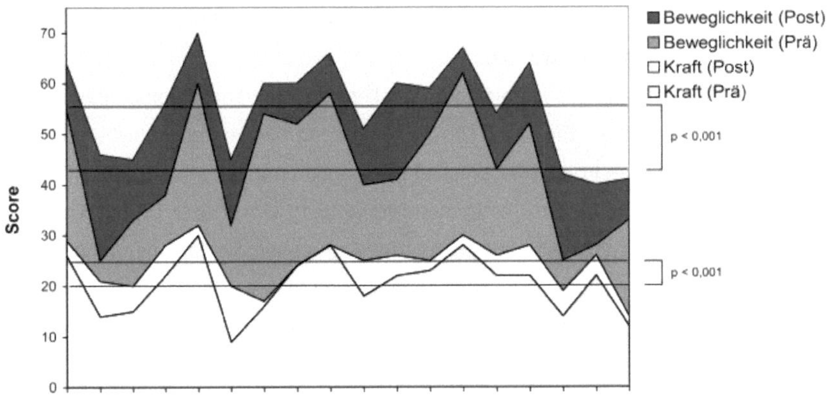

Abbildung 19: Summenscores der Muskelfunktionsanalyse bei 18 Wolfenbüttler Forstwirten

Wie Abbildung 17 zu entnehmen ist, hat sich jeder Forstwirt in seinem Beweglichkeitsscore verbessert. Der Mittelwert des Beweglichkeitsscores stieg von 43,4 ± 12,3 auf 55,0 ± 9,8. Neben der Erhöhung des Mittelwerts ist eine Konzentration der Daten um diesen zu erkennen, ebenso beim Score der Krafttestungen. Der Mittelwert steigt von 20,4 auf 24,3, die Standardabweichung sinkt von 6,0 auf 4,9. Insgesamt lässt der Vergleich zusätzlich zur Verbesserung den Schluss auf ein homogeneres Kollektiv der Wolfenbüttler Forstwirte bezüglich ihres Muskelzustands zu. Die deutlichen Verbesserungen sind aufgrund der geringen Frequenz nicht nur auf das Training zurückzuführen. Es ist von einem vergrößerten und optimierten Bewegungsrepertoire sowie einer bewussteren Körperwahrnehmung und -steuerung mit Auswirkungen auf das alltägliche Bewegungsverhalten auszugehen. So können sich über den Zeitverlauf Dysbalancen innerhalb der Muskulatur zurückbilden. Die z. T. deutlichen, gerade bei Forstwirten mit schlechten Ausgangswerten erzielten Besserungen sprechen für eine ausbalancierte Inanspruchnahme des Bewegungsapparates durch die Aktivierung kinetischer Ketten im geschlossenen System (RADLINGER 1998).

5.5 Analysen der Arbeitsunfähigkeiten

Um ökonomische Kennzahlen zu erhalten, bot sich die AOK an, eine Analyse der Arbeitsunfähigkeiten durchzuführen. Als Beobachtungszeitraum wurde der 1.11.2006 – 31.5.2007 sowie der 1.11.2007 – 31.5.2008 (während der Projektlaufzeit) gewählt. So sollten jahreszeitliche Einflüsse in Form von sich ändernden Arbeitsschwerpunkten oder Ferientagen vermieden werden.

Die Summe der Tage mit Arbeitsunfähigkeit (AU) aller fünf Interventionsforstämter ist von 1305 auf 1174 gesunken. Ein Trend für alle fünf Forstämter ist jedoch nicht festzustellen, da vor allem das Forstamt Clausthal mit einer Abnahme von 620 auf 219 AU-Tage zu Buche schlug. In den Forstämtern Winnefeld (311 → 392 Tage), Wolfenbüttel (52 → 189 Tage) und Ahlhorn (90 → 199 Tage) stieg die Summe der AU-Tage teilweise deutlich an. Ebenso im als Kontrollforstamt Münden (232 – 354). Über alle Forstämter der Niedersächsischen Landesforste ist eine Abnahme der AU-Tage von 8228 auf 7449 zu beobachten.

Bei der Betrachtung der Erkrankungsschwerpunkte können aus Gründen des Datenschutzes nur die ICD Hauptgruppen 10 (Krankheiten des Atmungssystems), 11 (Krankheiten des Verdauungssystems), 13 (Krankheiten des Muskel-Skelett-Systems und des Bindegewebes) und 19 (Verletzungen, Vergiftungen und bestimmte andere Folgen äußerer Ursachen) in der Summe aller fünf Interventionsforstämter betrachtet werden. Die Untergliederung der ICD-HG 13 in die Krankheiten der Wirbelsäule und des Rückens (M40 - M54) war ebenfalls nicht möglich.

Die durch die Inhalte des Projekts vor allem angestrebte Senkung der muskuloskeletal bedingten AU-Tage und -Fälle konnte durch die Auswertung der AOK nicht bestätigt werden. Während die Anzahl der Personen mit Beschwerden in diesem Bereich mit 20 bzw. 21 relativ konstant blieb und sich die Summe der AU-Tage ebenso verhielt (343 → 349 Tage), stieg die Anzahl der AU-Fälle von 26 auf 34 an. Als Konsequenz daraus verringerten sich die AU-Tage pro Fall von 13,2 auf 10,3. Die Summe der AU-Tage aller nicht teilnehmenden niedersächsischen Forstämter blieb relativ konstant.

Auffällig ist, dass die Interventionsforstämter sowohl im Vorjahreszeitraum (26,3% zu 36,8%) als auch während des Projektzeitraums (29,7 zu 36,0) einen deutlich niedrigeren Anteil der AU-Tage durch Erkrankungen des Muskel-Skelett-Systems an den gesamten AU-Tagen besitzen. Vor allem hier könnte eine langfristige Analyse zeigen, ob die teilnehmenden Forstämter bzgl. Erkrankungen des Muskel-Skelett-Systems generell gesünder sind, oder ob der geringe Anteil im Vorjahreszeitraum als Ausreißer zu betrachten ist.

Da Untersuchungen zeigten, dass ein Training mit koordinativen Inhalten als verletzungspräventive Maßnahme eingesetzt werden kann (SCHLUMBERGER & EDER 2001), sollte auch in dieser ICD-Hauptgruppe (19) ein Rückgang zu erwarten sein. Dieser Effekt konnte ebenfalls nicht festgestellt werden. Sowohl eine Zunahme der Unfälle (15 → 23) als auch der daraus resultierenden AU-Tage (240 → 351) wurde registriert.

Unter den durch Verletzungen und Vergiftungen ausgelösten Fehltagen sind auch die Fehltage aufgeführt, die durch Verletzungen bei den sportlichen Aktivitäten anfielen. Hier wurden von den Forstwirten insgesamt 47 Fehltage genannt, deren größter Anteil auf einen Muskelfaserriss (10 Tage) und einen ausgekugelten Daumen (21 Tage) zurückzuführen sind. Da diese Verletzungen zu Beginn stattfanden, wurden „spielerische“ Anteile zur Förderung der Gruppenbildung zurückgefahren. In allen anderen Niedersächsischen Landesforstämtern sank die Zahl der Unfälle von 68 auf 64 bei einer gleich bleibenden Arbeitsunfähigkeit von 1332 Tagen.

Eine endgültige Interpretation der Daten verbietet sich, da aus Datenschutzgründen nur Kollektive ab einer Mindestgröße von 10 Personen bzw. 10 Fällen dargestellt werden. Weiterhin sind derartig kurze Betrachtungsräume von starken Schwankungen betroffen und können nur schwer einen allgemeinen Überblick geben. So ist es beispielsweise denkbar, dass sich der Sturm Kyrill vom Januar 2007 und dessen immense Folgen für die Arbeit vieler Forstwirte vor allem in Forstämtern von Solling und Harz als modifizierender Faktor einbringt.

Ein Versuch, die Arbeitsunfähigkeiten über eine Abfrage im Abschlussfragebogen zu erfassen, muss als gescheitert angesehen werden. Über den Fragebogen kam eine Gesamtsumme von 657 AU-Tagen zustande – mit 55,9% nur etwas mehr als die Hälfte der von der AOK angegebenen Zahl. Individualisierte Profile bei längeren Vorlaufzeiten erscheinen hier notwendig. Weiterhin standen ausschließlich Daten der

AOK zur Verfügung und so konnten nur 85 Forstwirte der Interventionsforstämter erfasst werden.

6 Diskussion

Insgesamt wird in den 94 eingegangenen Fragebögen ein sehr positives Fazit gezogen, so dass 90,4% der Forstwirte einer Weiterführung dieser innerbetrieblichen Maßnahme zustimmen. Lediglich 9 Forstwirte waren mit dem Projekt unzufrieden. In persönlichen Gesprächen während der Abschlussuntersuchung fielen z. T. frustrierte Begründungen wie „Bringt jetzt eh nix mehr“ oder „Hätte es das mal vor 15 Jahren gegeben“. Aufgrund der anonymisierten Fragebögen konnte kein Vergleich der einzelnen Fragebogenprofile vor und nach der Intervention stattfinden. Hier konnten nur Angaben des Abschlussfragebogens betrachtet werden.

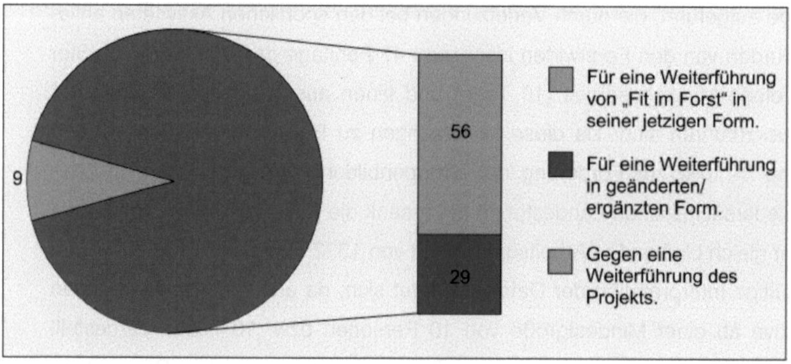

Abbildung 20: Häufigkeitsverteilung der Angaben zur Weiterführung des Projekts „Fit im Forst“

Von den neun Ablehnern des Projekts lagen acht Forstwirte vor allem in den körperlichen Subskalen – Körperliche Schmerzen: 58,1 ± 19,6) und der Körperlichen Summenskala (43,1 ± 8,9) – deutlich unter den durchschnittlichen SF-36 Werten des Abschlussfragebogens. Auf die Frage nach der Zufriedenheit mit ihrer Gesundheitsverbesserung gaben sie im Durchschnitt die zweitniedrigste Stufe an. Ihren Gesundheitszustand stuften sechs Forstwirte trotzdem als gut, zwei als weniger gut ein. Bei jeweils einer leichten Verbesserung bzw. leichten Verschlechterung empfanden sechs dieser Forstwirte keine Veränderung ihres Gesundheitszustands im Vergleich zum Vorjahr. Alle acht Ablehner gaben an, in der letzten Woche vor der Abschlussbefragung mit einer durchschnittlichen Stärke von 4,3 ± 1,6 auf einer VAS und an mindestens 8-30 Tagen des letzten halben Jahres an Rückenschmerzen gelitten zu haben. Ihr Zustand scheint also konstant auf einem schlechten Niveau zu liegen und durch diese Intervention nicht verändert worden zu sein.

In der Auswertung des PACT-Fragebogens (nur die Forstämter Clausthal und Winnefeld) konnten von den zu Beginn zwölf Forstwirten mit einem Wert ≤ 180 sieben Forstwirte ihren Wert zum Teil deutlich über diese Schwelle heben.

Fünf Forstwirte schätzten ihre Leistungsfähigkeit sowohl vor als auch nach den 26 Einheiten als nicht ausreichend für schwere Arbeit (<180) ein und verbesserten ihren Wert nur leicht von durchschnittlich 155,4 auf 161,6.

So sollten in den einzelnen Forstämtern individuellere Konzepte angewendet werden und weitere Anstrengungen den hartnäckigen Fällen alle notwendigen Schritte ermöglichen.

7 Fazit

Abschließend lässt sich zusammenfassend feststellen, dass sich mit sämtlichen durchgeführten Untersuchungen positive Effekte im Sinn einer Reduktion von Risikofaktoren und Verbesserung der subjektiven gesundheitsbezogenen Lebensqualität ergaben.

Kraftdiagnostik: Signifikanter Anstieg der Kraftwerte, jedoch bei parallelem Anstieg in der Kontrollgruppe.

Haltungsanalyse: Signifikante Verbesserung der Wirbelsäulenstatik in der habituellen Haltungen und unter Belastung sowie eine Zunahme der lumbalen Beweglichkeit, keine Veränderungen in der Kontrollgruppe.

Allgemeiner Gesundheitszustand (SF-36): Signifikante Verbesserungen vor allem in den Ebenen „körperliche Schmerzen“ und „allgemeine Gesundheitswahrnehmung“, aber auch der sozialen Funktionsfähigkeit und der körperlichen Summenskala, keine Verbesserungen der Kontrollgruppe.

Muskulärer Zustand: Signifikante Zunahme in den Summenscores Beweglichkeit und Kraftfähigkeit ausgewählter Muskelgruppen, aufgezeigt an den Forstwirten des Forstamts Wolfenbüttel.

Koordination: Signifikanter Anstieg der Standdauer im Einbeinstand mit geschlossenen Augen.

Rückenschmerzhäufigkeit: Signifikante Abnahme der Rückenschmerzhäufigkeit innerhalb der Interventionsgruppe bei gleichzeitiger leichter Abnahme innerhalb der Kontrollgruppe.

AU-Situation: Abnahme der AU-Tage pro Versichertenjahr um 10,46%, trotz gleichzeitiger Zunahme der AU-Tage pro Versichertenjahr im Bereich der ICD-13 um 1,3% und der ICD 19 um 45,6%. Aus Datenschutzgründen sind die Daten nur stark eingeschränkt interpretierbar!

Dies deckt sich auch mit der sehr positiven subjektiven Einschätzung aller Übungsleiter, die sich zu Beginn und am Ende der Intervention einen genauen Überblick über die gesundheitliche Situation jedes Forstwirts gemacht haben. Ebenfalls waren sie einstimmig der Meinung, dass das durchgeführte Programm eine auf die Bedürfnisse der Forstwirte abgestimmte, sinnvolle Intervention war.

Der Großteil der teilnehmenden Forstwirte konnte durch das Projekt „Fit im Forst" einen gesundheitlichen Benefit erfahren. Das theoretisch ideale, aber praktisch quasi unerreichbare Ziel, die Gesundheit aller Forstwirte durch eine Maßnahme positiv zu beeinflussen, wurde aber nicht erreicht. Bei einer Fortführung des Projekts muss in Erwägung gezogen werden, sowohl die Zielgruppe Forstwirte als auch die Maßnahmen weiter zu differenzieren, da davon auszugehen ist, dass gerade die oben beschriebenen, nicht erreichten Forstwirte einen Großteil der anfallenden Arbeitsunfähigkeitstage tragen.

Ein positiver ökonomischer Effekt lässt sich aufgrund der vorliegenden Daten (noch) nicht erkennen. Datenschutzgründe aufgrund der kleinen Interventionsgruppe und der mit 6 Monaten sehr schwankungsanfällige Zeitraum sind hier anzuführen. PELLETIER (1999) hält zur Evaluation der ökonomischen Effektivität Longitudinalstudien über Zeiträume von 3 bis 5 Jahren für erforderlich.

Es wird jedoch davor gewarnt, die erzielten Erfolge als besonders nachhaltig zu betrachten und die nicht vorhandene Senkung der Arbeitsunfähigkeitstage zu überbewerten. Denn: „Practice does not make perfect, it makes permanent!" (MCGILL 2007). Es bedarf zum Ausbau und zur Stabilisierung der erzielten Erfolge, eine das Arbeitsleben der Forstwirte begleitende Maßnahme. Diese Maßnahmen sollten an die Phasen der beruflichen Laufbahn angepasst sein und beispielsweise bereits in der Ausbildung befindliche Forstwirte auf die zu erwartenden Belastungen vorbereiten. Hier könnte eine entsprechende Leistungsdiagnostik bereits zu Beginn der Aus-

bildung eventuelle Problemfelder aufzeigen und ein effektives präventives Begegnen absehbarer Probleme ermöglichen.
Für die im Beruf befindlichen Forstwirte ist ebenfalls ein differenziertes Vorgehen empfehlenswert. Entsprechend der häufigsten Beschwerdebilder sind Blöcke mit Therapieschwerpunkten zu bilden, deren Erfolge im Sinne einer Periodisierung durch ein gezieltes Kraft- und Ausdauertraining zu stabilisieren und weiter auszubauen sind. Die Arbeit der Manualtherapeuten ist weiter zu unterstützen bzw. zu fördern.
Parallel unterstreicht eine zweite Studie die Bedeutung des Projekts „Fit im Forst" als eine Maßnahme für ein erwerbsaktives Altern der Forstwirte innerhalb der Niedersächsischen Landesforste. Es wird hierin bestätigt, dass die Implementierung differenzierter Gesundheitsmaßnahmen von hoher Notwendigkeit ist, um die Arbeitsfähigkeit der Mitarbeiter kontinuierlich und auf hohem Niveau zu gewährleisten, aber nur eine Maßnahme von mehreren innerhalb eines zielgruppengerechten Maßnahmenkatalogs sein sollte (SCHILLING 2008).

Literatur

[1] Aldana, S.G. (2001): Financial impact of health promotion programs: a comprehensive review of the literature. In: American Journal of Health Promotion, 15, 296-20.

[2] Assendelft, W.J., Morton, S.C., Yu, EI, Suttorp, M.J., Shekelle, P.G.. (2005). Spinal manipulative therapy for low back pain. Cochrane Database of Systematic Reviews (Online).

[3] Berger, C. (2004): Belastungs- und Beanspruchungssituation bei Forstarbeiterinnen: Evaluierung, Analyse und Verbesserungsmaßnahmen. In: Austrian Journal of Forest Science, 121 (4), 187-208.

[4] Bittmann, F., Badtke, G. (1994): Bewegungsmuster – primärer Faktor von Fehlentwicklungen des Muskel-Skelett-Systems. In: Manuelle Medizin, 32, 61-65.

[5] Bohannon, R.W.; Larkin, P.A.; Cook, A.C. (1984): Decrease in timed balance test scores with aging. Physical Therapy, 64, 1067-1075.

[6] Bullinger, M. & Kirchberger, I. (1998): SF-36. Fragebogen zum Gesundheitszustand. Handanweisung. Göttingen: Hogrefe.

[7] Byl, N.N.; Sinnot, P.L. (1991): Variations in balance and body sway in middle aged adults: Subjects with healthy backs compared with subjects with low-back dysfunction. In: Spine 16, 325-330.

[8] Coenen, W. (1996): Die sensomotorische Integrationsstörung. In: Manuelle Medizin, 32, 141-145.

[9] Comerford, M. J.; Mottram, S.L. (2001): Movement and stability dysfunction – contemporary developments. In: Manual Therapy, 6 (1), 15-26.

[10] Comerford, M. J.; Mottram, S.L. (2001b): Functional stability. Retraining: Principles and Strategies for managing Mechanical Dysfunctions. In: Manual Therapy, 6 (1), 3-14.

[11] Crot, P.; Macfarlane, G.; Papageorgiou, A.C. (1998): Outcome of low back pain in general practice: a prospective study. In: British Medical Journal (Clinical research ed), 316, 1356-1359.

[12] Denner, A. (1998): Analyse und Training der wirbelsäulenstabilisierenden Muskulatur. Heidelberg: Springer Verlag.

[13] Dvorak J., Dvorak V., Schneider W., Spring H., Tritschler ,T.(1997): Manuelle Medizin, Therapie. Stuttgart: Thieme.

[14] Freeman, M.; Dean, M.; Hanham, I. (1965): The etiology and prevention of functional instability of the foot. In: Journal of Bone and Joint Surgery (Br), 47 B, 678-685.

[15] Friedel, H.; Friedrichs, M.; Röttger, C.; Bödeker, W. (2005): Ein Projekt zur Kostenabschätzung von arbeitsbedingter Frühinvalidität. In: Die BKK – Zeitschrift der betrieblichen Krankenversicherung, 93 (7), 326-331.

[16] Froböse I., Nellessen G., Wilke C., (2003): Training in der Therapie, Grundlagen und Praxis, 2. Auflage, Urban & Fischer Verlag, München 2003.

[17] Gibbons, S.G.T.; Comerford, M.J. (2001): Kraft versus Stabilität – Teil 1: Konzepte und Begriffe. Manuelle Therapie (5), 204-212.

[18] Gill, K.P.; Callaghan, M. J. (1998): The measurement of lumbar proprioception in induviduals with and without low back pain. In: Spine, 23, 371-377.

[19] Gröger, V.; Lewark, S. (2002): Der arbeitende Mensch im Wald – eine ständige Herausforderung für die Arbeitswissenschaft. Schriftenreihe der Bundesanstalt für Arbeitsschutz und Arbeitsmedizin, Bundesanstalt für Arbeitsschutz und Arbeitsmedizin (Hrsg.), Dortmund, Berlin, Dresden.

[20] Gustavsen, R.; Streeck, R. (1997): Trainingstherapie im Rahmen der manuellen Medizin: Prophylaxe und Rehabilitation. Thieme, Stuttgart - New York.

[21] Haas C.T., et al. (2007) Zur Interaktion propriozeptiver und koordinativer Leistungen, Deutsche Zeitschrift für Sportmedizin 58 (1), 19-24.

[22] Häfelinger, U.; Schuba, V. (2002): Koordinationstherapie – Propriozeptives Training. Meyer und Meyer Verlag, Aachen.

[23] Hagen , K. B. (1990): Biomechanical analysis of spinal load in motor-manual cutting. In: Journal of Forest Engineering, 2, 39-41.

[24] Hagen, K.; Magnus, P.; Vetlesen, K. (1998): Neck/ shoulder and low-back disorders in the forestry industry: relationship to work tasks and perceived psychosocial job stress. In: Ergonomics, 41 (10), 1510-1518.

[25] Harstela, P. (1990): Work postures and strain of workers in Nordic forest work: a selective review. In: International Journal of Ergonomics, 5, 219-226.

[26] Heitkamp, H.C. et al. (2001): Gain in strength and muscular balance after balance training. International Journal of Sports Medicine, 22, 285-290.

[27] Hides, J.A.; Jull, G.A.; Richardson, C.A. (2001): Long term effects of specific stabilizing exercises for first episode low back pain. In: Spine, 26 (11), 243-248.

[28] Hildebrandt, J. (2004): Gibt es einen unspezifischen Rückenschmerz? – Does unspecific low Back Pain really exist? In: Zeitschrift für Orthopädie und ihre Grenzgebiete, 142 (2), 139-145.

[29] Hildebrandt, J.; Müller, G.; Pfingsten, M.(Hrsg.): Lendenwirbelsäule Ursachen, Diagnostik und Therapie von Rückenschmerzen. München: Urban & Fischer bei Elsevier GmbH.

[30] Hildebrandt, J.; Pfingsten, M. (Hrsg.) (2003): Göttinger Rücken-Intensiv-Programm (GRIP). Das Manual. Berlin : Congress-Compact-Verlag.

[31] Hodges, P. W./ Richardson, C. A. (1997): Contraction of the abdominal muscles associated with movement of the lower limb. In: Physical Therapy, 77 (2), 142-144.

[32] Hodges, P. W.; Richardson, C. A. (1996): Inefficient muscular stabilization of the lumbar spine associated with low back pain. A motor control evaluation of transversus abdominis. In: Spine 21 (22), 2640-2650.

[33] Höhnke, O. (1995): Gesundheitsfördernde Maßnahmen am Arbeitsplatz – Verminderung von Rückenbeschwerden bei Forstwirten. In: Allgemeine Forst Zeitschrift für Waldwirtschaft und Umweltvorsorge, 50 (3), 157-159.

[34] Janda, V. (1994): Manuelle Muskelfunktionsdiagnostik. 3. Auflage, Ullstein-Mosby, Berlin.

[35] Janda, V.; Vavrova, M.: Sensory Motor Stmulation. In: Liebenson C. (Hrsg.) (2006): Rehabilitation of the Spine. A Manual of Active Care Procedures, 2. Auflage, Lippincott, William & Wilkins, Philadelphia, 513-530.

[36] Jerosch, J.; Prymka, M. (1996): Proprioception and Joint Stability. Knee Surgergy, Sports Traumatol, Arthroscopy, 4, 171-179.

[37] Karhu, O.; Kausi, P.; Kuorinka; I. (1997): Correcting working postures in industry: a practical method for analysis. In: Applied Ergonomics, 8, 199-201

[38] Kastenholz, E., Haller, C.; Lewark, S. (1995): Ursachen für Frühinvalidität von Waldarbeitern. In: Allgemeine Forst Zeitschrift für Waldwirtschaft und Umweltvorsorge, 50 (3), 130-132.

[39] Keller, S.; Mannion, A.; Grob, D. (2000): Reliability of a new measuring device ("SpinalMouse®") in recording the sagittal profile of the back. In: European Spine Journal, 9 (4).

[40] Klee, A. (1995): Haltung, muskuläre Balance und Training. Thun, Frankfurt/M.

[41] Kohlmann, T.; Schmidt, C.O. (2005): Epidemiologie und Sozialmedizin. In: Hildebrandt, J.; Müller, G.; Pfingsten, M.(Hrsg.): Lendenwirbelsäule Ursachen, Diagnostik und Therapie von Rückenschmerzen. München: Urban & Fischer bei Elsevier GmbH, 3-13.

[42] Kollmitzer, J.; Ebenbichler, G.; SABO, A.;; Kerschan, K.; Bochdansky, T. (2000): Effects of back extensor strength training versus balance training on postural control. In: Medicine & Science in Sports & Exercise, 32 (10), 1770-1776.

[43] Kondziella, W. (2003): Kreuzschmerz – eine Ganzkörperreaktion. In: Manuelle Medizin, 42, 22-29.

[44] Konrad, P., Denner, A., Schmitz, K. & Starischka, S. (1999). EMG-Befunde zur Haltungskoordinierung und zur ausgewählten Kräftigungsübungen der Rumpfmuskulatur. Orthopädische Praxis, 35, 698-708.

[45] Laube W.; Hildebrandt, H.-D. (2000): Auswirkungen einer defizitären Propriorezeption auf die Bewegungsprogrammierung – koordinative Aspekte nach Kniegelenkverletzung und bei Rückenpatienten. In: Orthopädie-Technik, 51 (6), 534-550.

[46] Laube, W. (2004): Das sensomotorische System, die Bewegungsprogrammierung und die sensomotorische Koordination beim Gesunden und Verletzten. In: Österreichische Zeitschrift Physikalische Medizin und Rehabilitation, 14 (1), 35-49.

[47] Leino, P.; Kivekäs, J.; Hänninen, K. (1994): Effects of work-Oriented Fitness Courses in Lumberjacks with Low Back Pain. In: Journal of Occupational Rehabilitation, 4 (2), 67-76.

[48] Lewark, S.; Härle, P. R. (1991): Das Ausscheiden von Waldarbeitern der Staatsforstverwaltung 1983 bis 1990. In: Allgemeine Forst Zeitschrift für Waldwirtschaft und Umweltvorsorge, 46 (9), 470-473.

[49] Lewit, K. (2007): Manuelle Medizin bei Funktionsstörungen des Bewegungsapparates. 8. Auflage - München [u.a.].

[50] Lewit, K. (2007): Manuelle Medizin bei Funktionsstörungen des Bewegungsapparates. München: Urban & Fischer bei Elsevier GmbH, 8. Auflage.

[51] Lewit, K. (2007b): Das wissenschaftliche Konzept der manuellen Medizin. In: Manuelle Medizin, 45 (5), 309-313.

[52] Lewit, K.; Kolar, P. (1998): Funktionsstörungen im Bewegungssystem – Verkettungen und Fehlprogrammierung. In: Krankengymnastik, 50 (8), 1346-1352.

[53] Linton, S.; Van Tulder, M. (2001): Preventive interventions for back and neck pain problems – What is the evidence? In: Spine, 26 (7), 778-787.

[54] Lühmann D.; Burkhardt-Hammer T.; Stoll S.; Raspe, H.H.(2006): Prävention rezidivierender Rückenschmerzen. Präventionsmaßnahmen in der Arbeitsplatzumgebung. In: Rüther A, Göhlen B: Health Technology Assessment (HTA) in der Bundesrepublik Deutschland. HTA Bericht 38. Deutsche Agentur für Health Technology Assessment des Deutschen Instituts für Medizinische Dokumentation und Information, Köln.

[55] Lühmann, D. (2005): Prävention von Rückenschmerz – Grundlagen und mögliche Interventionsstrategien. In: Bewegungstherapie und Gesundheitssport, 21, 138-145.

[56] Lühmann, D.; Zimolong, B. (2006). Prävention von Rückenerkrankungen am Arbeitsplatz. In B. Badura, H. Schellschmidt & C.Vetter (Hrsg.), Fehlzeitenreport 2006 (S. 63-97). Berlin: Springer.

[57] Luoto, S.; Aalto, H.; Taimela, S. et al. (1998): One-footed and externally disturbed two-footed postural control in patients with chronic low back pain and healthy control subjects, Spine 23, 2081-2089.

[58] Manek, N. J.; Macgregor, A. J. (2005): Epidemiology of Back Disorders: Prevalence, Risk Factors, and Prognosis. In: Curr Opin Rheumatol, 17 (2), 134-140.

[59] Mannion, A.; Knecht, K.; Balaban, G.; Dvorak, J.; Grob, D. (2004): A new skin-surface device for measuring the curvature and global and segmental ranges of motion of the spine: reliability of measurements and comparison with data reviewed from the literature. In: European spine journal, 13, 122-136.

[60] Mannion, A.F.; Müntener, M.; Taimela, S.; Dvorak, J. (2001): Comparison of three active therapies for chronic low back pain: results of a randomized clinical trial with one-year follow-up. In: Rheumatology 40, 772.

[61] Marshall P., Murphy B. (2005): The effect of sacroiliac joint manipulation on feed-forward activation times of the deep abdominal musculature. In: Journal of Manipulative and Physiological Therapeutics 29: 196-202.

[62] Matheson, L. N. & Matheson, M. L. (1996): Spinal function sort - Selbsteinschätzung der körperlichen Leistungsfähigkeit (PACT-Test). Schweizerische Arbeitsgemeinschaft für Rehabilitation SAR, Interessengemeinschaft Ergonomie.

[63] McGill, S. (2007): Low back disorders: evidence-based prevention and rehabilitation. Champaign. Ill, Human Kinetics.

[64] Meier, R. K.; Gutensohn, D.; Dracheneder, R.; Seichert, N. (2000): Objektive Evaluation der Rückenform und Veranschaulichung der Wirbelsäulen-Aufrichtung im Rahmen der Patientenschulung. In: Physikalische Medizin, Rehabilitationsmedizin, Kurortmedizin, 4 (10).

[65] Mense, S. (1999b): Neurobiologische Grundlagen von Muskelschmerz. In: Der Schmerz, 13 (1), 3-17.

[66] Michalski, D.; Roick, C. Hinz, A. (2007): Zusammenhang der Veränderungen psychologischer und subjektiv-beschwerdebezogener Parameter durch Training der Rumpfmuskulatur bei Rückenschmerzpatienten. In: Manuelle Medizin, 45 (3), 175-182.

[67] Mientjes, M.I.V.; Frank, J.S. (1999): Balance in chronic low back pain patients compared to healthy people under various conditions in upright standing. In: Clinical Biomechanics, 14, 710-716.

[68] Miranda, H.; Vikari-juntura, E.; Martikainen, R.; Takala, E.; Riihimäki, H. (2001): Physical exercise and musculoskeletal pain among forest industry workers. In: Scandinavian Journal of Medicine and Science in Sports 11, 239-246.

[69] Mok, N.W.; Brauer, S.; Hodges, P .W. (2004): Hip strategy for balance control in quiet standing is reduced in people with low back pain. In: Spine 29(7), E107-E112.

[70] Moseley, G.L. (2004): Impaired trunk muscle function in sub-acute neck pain: etiologic in the subsequent development of low back pain? In: Manual Therapy, 9 (3), 157-163.

[71] Müller, G. (2001): Diagnostik des Rückenschmerzes. In: Der Schmerz, 15, 435-441.

[72] Neumann, H.D. (1999): Manuelle Medizin Eine Einführung in Theorie, Diagnostik und Therapie. Berlin: Springer Verlag, 5. Auflage

[73] Newcomer, K.; Laskowski, E.R.; Yu, B.; Larson, R.; An, K.N. (2000): Repositioning error in low back pain. In: Spine, 25, 245-250.

[74] Niklas, A.; Schüler. U. (2004): Medizinische Trainings- und Sporttherapie. In: Stein, V./ Greitemann, B. (Hrsg): Rehabilitation in Orthopädie und Unfallchirurgie. Berlin, Springer-Verlag.

[75] Oostendorp, R. et al. (1998): Efficacy of propriosensory exercise therapy (PET) versus extension exercise therapy (EET) in Patients with chronic low back pain. Third interdisciplinary World congress on low back and pelvic pain. Vienna.

[76] Panjabi, M. (1997): The stabilizing system of the spine. In: Spine, 22 (19), 2207-2212.

[77] Patijn, J.; Dürinck, J. R. (1992): Der Effekt der manuellen Medizin auf die Arbeitsunfähigkeit im Betrieb. Manuelle Medizin, 30, 82-86.

[78] Pelletier, K.R. (1999): A review and analysis of the clinical and cost-effectiveness studies of comprehensive health promotion and disease management programs at the worksite: 1995 – 1998 update (IV). American Journal of Health Promotion, 13 (6), 333-345.

[79] Quante, M.; Hille, E. (1999): Propriozeption: Eine kritische Analyse zum Stellenwert in der Sportmedizin. In: Deutsche Zeitschrift für Sportmedizin, 10, 306-310.

[80] Radebold, A.; Cholewicki, J.; Polzhofer, G.H.; Greene , H.S. (2001): Impaired postural control of the lumbar spine associated with delayed idiopathic low back pain. In: Spine, 26, 724-730.

[81] Radlinger, L.; Bachmann, W.; Homburg, J.;Leuenberger, U.; Thaddey, G. (1998): Rehabilitatives Krafttraining. Stuttgart, News York.

[82] Radoschewski, M.; Bellach, B.-M. (1999): Der SF-36 im Bundes-Gesundheits-Survey – Möglichkeiten und Anforderungen der Nutzung auf der Bevölkerungsebene. Gesundheitswesen, 61, Sonderheft 2, 191-199.

[83] Rasev, E. (1999): Was ist Koordination? In: Die Säule, 4, 6-14.

[84] Roelofs, P.D.; Deyo, R.A.;, Koes, B.W.; Scholten, R.J.; van Tulder, M.W. (2008): Nonsteroidal Anti-Inflammatory Drugs for Low Back Pain: An Updated Cochrane Review. Spine 33 (16), 1766-1774.

[85] Sachse, J., Schildt-Rudloff,K. (2000): Wirbelsäule Manuelle Untersuchung und Mobilisationsbehandlung. 4. korrigierte Auflage. Urban & Fischer, München.

[86] Schildt-Rudloff, K. (2006): Indikation zur Verordnung von Manueller Therapie. In: Manuelle Therapie, 44, 533-539.

[87] Schilling, C. (2008): Erwerbsaktives Altern - Eine empirische Untersuchung innerhalb der Niedersächsischen Landesforsten. Unveröff. Magisterarbeit, Göttingen.

[88] Schlumberger, A.; Eder, K. (2001): Verletzungsprophylaxe durch Stabilisationstraining. Leistungssport, 5, 26-31.

[89] Schmidt, C.O.; Kohlmann, T. (2005): Was wissen wir über das Symptom Rückenschmerz? In: Zeitschrift für Orthopädie, 143, 292-298.

[90] Schultz, A. B., Lu C., Barnett, T. E. et al. (2002): Influence of participation in a worksite health-promotion program on disability days. Journal of Occupational and Environmental Medicine, 44(8), 776-80.

[91] Seichert, N.; Baumann, M.; Senn, E.; Zuckriegl, H. (1994): Die Rückenmaus - ein analog-digitales Messgerät zur Erfassung der sagittalen Rückenkontur. In: Physikalische Medizin, Rehabilitationsmedizin, Kurortmedizin, 4, 35-43.

[92] Seidler, A.; Liebers, F.; Latza, U. (2008): Prävention von Low-Back-Pain im beruflichen Kontext. In: Bundesgesundheitsblatt - Gesundheitsforschung – Gesundheitsschutz, 51 (3), 322-333.

[93] Skarabis, A. (1996): Computergestützte isometrische Maximalkraftbestimmung im Rahmen der Muskelfunktionsdiagnostik unter dem Aspekt muskulärer Dysbalancen und Rückenschmerzen. Potsdam: Universität Potsdam, veröffentlichte Dissertation.

[94] Slappendel, C.; Laird, I.; Kawachi, I.; Marshall, S.; Cryer, C. (1993): Factors Affecting Work-Related Injury Among Forestry Workers: A Review. In: Journal of Safety Research, 24, 19-32.

[95] Takala E.P., Korhonen, I.; Vikari-Juntura, E. (1998): Postural sway and stepping response among working population. Reproducibility, longterm stability, and associations with symptoms of the low back. In: Clinical Biomechanics, 12 (7-8), 429-437.

[96] Takala, E.P.; Vikari-Juntura, E. (2000): Do functional tests predict low back pain? In: Spine, 25 (16), 2126-2132.

[97] van Tulder, M.W., Koes, B.W., Malmivaara, A. (2006): Outcome of non-invasive treatment modalities on back pain: an evidence-based review. European Spine Journal, 15, 64-81.

[98] Väyrynen, S.; Könönen, . (1991): Short and Long-term effects of a training programme on work postures in rehabilitees: A pilot study of loggers suffering from back trouble. In: International Journal of Industrial Ergonomics, 7, 103-109.

[99] Vetter, C.; Küsgens, I.; Madaus, C. (2007): Krankheitsbedingte Fehlzeiten In der deutschen Wirtschaft im Jahr 2005. In: Badura, B.; Schellschmidt, H./ Vetter, C. [Hrsg.]: Fehlzeitenreport 2006 – Chronische Krankheiten. Heideberg: Springer Verlag.

[100] Vollmer, M. (1991): Arbeitsmedizinische Betreuung. In: Allgemeine Forst Zeitschrift für Waldwirtschaft und Umweltvorsorge, 46 (9), 462-465.

[101] Vollmer, M. (1992): Belastung, Beanspruchung und Arbeitsgestaltung bei der Waldarbeit. In Allgemeine Forst Zeitschrift für Waldwirtschaft und Umweltvorsorge, 47 (3), 116-117.

[102] Waddell, G. (1998): The Back Pain Revolution. Edinburgh: Churchill Livingstone 1. Auflage.

[103] Wolff, H.D. (1996): Neurophysiologische Aspekte des Bewegungssystems. Berlin: Springer Verlag, 3. Auflage.

[104] Zeller, H.-J.; Klawunde, G. (1979): Beitrag zum Einfluss der Manuellen Therapie auf die neuromuskuläre Balance. In: Zeitschrift für Physiotherapie, 31 263 – 267.

Anhang

Muskelfunktionsprüfung

Name: ______________ Vorname: ______________ Datum: ______________

 Waden	+	
	0	
	-	
 Adduktoren	60°	
	60/ 40°	
	40/ 25°	
 Kniegelenksbeuger	90°	
	90/ 80°	
	80/ 60°	
 Hüftlendenmuskel	+15	
	0	
	-15	
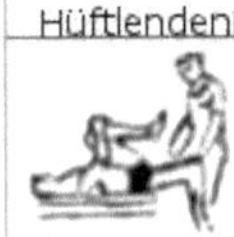 Beinstrecker	+	
	0	
	-	
 Tens. fasciae latae	+	
	0	
	-	
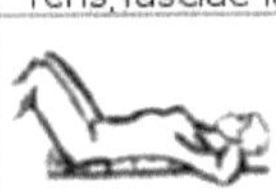 Brustmuskel	180°	
	180/ 160°	
	160/ 140°	
 Latissimus	+	
	0	
	-	
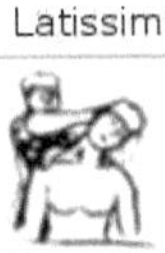 Trapezius	+	
	0	
	-	

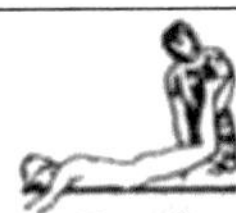 gr. Gesäßmuskel	+	
	0	
	-	
 Bauchmuskulatur	+	
	0	
	-	
 Schultermuskulatur	+	
	0	
	-	
	+	
	0	
	-	

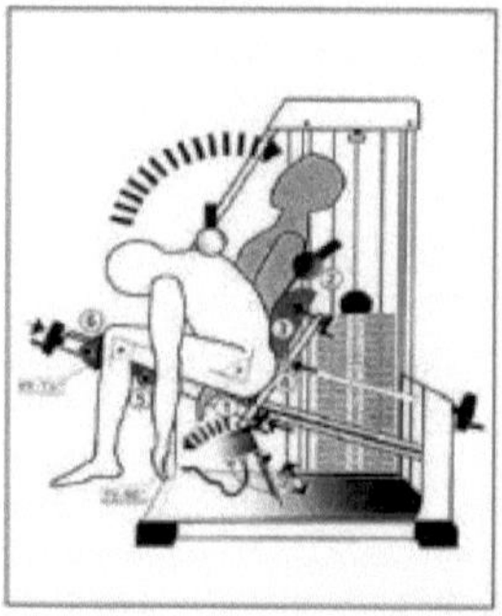  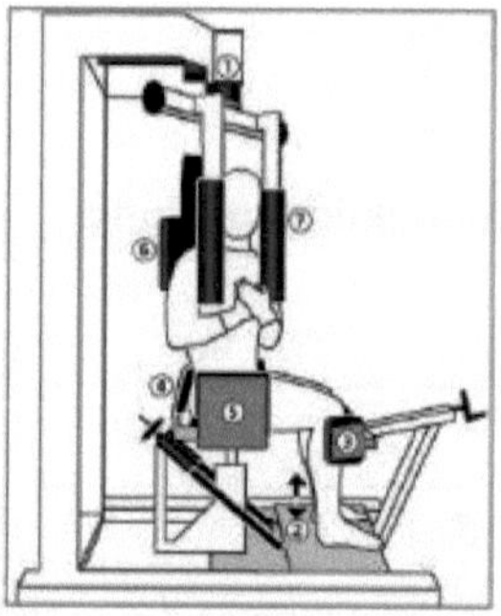

Testprotokoll Krafttestung

Name:	Vorname:
Datum Vortest:	Datum Nachtest:

Forstamt:	I_I Clausthal	I_I Winnefeld	I_I Münden

Alter:	Größe:	Gewicht:	Geschlecht:

Flexion	Armhebel:	Sitzhöhe:	LWS-Kissen:	Grad:
Vortest	max. Kraft (Nm):			
Nachtest	max. Kraft (Nm):			
Bemerkungen:				

Extension	Armhebel:	Sitzhöhe:	LWS-Kissen:	Grad:
Vortest	max. Kraft (Nm):			
Nachtest	max. Kraft (Nm):			
Bemerkungen:				

Rotation	Kniepolster:	Hüftpolster:	Schulterpolster:	Grad:
Vortest	Rechts max. Kraft (Nm):		Links max. Kraft (Nm):	
Nachtest	Rechts max. Kraft (Nm):		Links max. Kraft (Nm):	
Bemerkungen:				

Abschlussfragebogen „Fit im Forst“

Dieser Fragebogen wird **anonymisiert** behandelt und ausgewertet. Um eine möglichst schnelle und aussagekräftige Auswertung zu erreichen, möchten wir **jeden Forstwirt** bitten, den Fragebogen **unbedingt zur letzten Einheit „Fit im Forst“ ausgefüllt mitzubringen**.

Alter: ☐ <20 ☐ 20 - 29 ☐ 30 - 39 ☐ 40 - 49 ☐ 50 - 59 ☐ >60

Geschlecht: ☐ männlich ☐ weiblich

Gewicht: ________ kg

Größe: ________ cm

Aus welchen Komponenten (z. B. Motorsägenarbeit, Pflanzung) setzte sich Ihre Arbeit im letzten halben Jahr zusammen?

1.____________________:________%
2.____________________:________%
3.____________________:________%
4.____________________:________%

Sehen Sie einen Zusammenhang zwischen ihrem Beruf und den Rückenschmerzen?

☐ Ja ☐ Nein

Haben Sie seit Projektbeginn eine neue Sportart begonnen oder nach längerer Pause wieder begonnen?

☐ Nein ☐ Ja

Wenn Sie **Ja** angekreuzt haben, notieren Sie bitte die Sportart, und wie regelmäßig (pro Woche oder pro Monat) Sie diese Sportart ausgeübt haben.

____________________ _______ mal pro__________

Waren Sie während der Laufzeit von „Fit im Forst“ arbeitsunfähig? Wenn ja, geben Sie bitte die Gründe und die Dauer der Arbeitsunfähigkeit an

---

☐ nach Arbeitsunfällen ________ Tage

☐ Beschwerden am Muskel-Skelett-Apparat (z.B. Rücken-, Knie- oder Schulterschmerzen) ________ Tage

☐ davon Beschwerden oder Verletzungen, die Sie auf das wöchentliche Training zurückführen ________ Tage

☐ Erkrankungen (z.B. Grippaler Infekt, Erkältung) ________ Tage

☐ sonstiges ________________________ ________ Tage

Haben Sie eine der folgenden Erkrankungen:

☐ Bluthochdruck ☐ Diabetes ☐ Herz-Kreislauf-Erkrankungen ☐ Borreliose

---

Wurde eine der folgenden Erkrankungen im Bereich des Muskel-Skelett-Apparates bisher bei Ihnen festgestellt? (Mehrfachnennungen möglich)

☐ HWS Syndrom ☐ Wirbelgleiten

☐ LWS Syndrom ☐ Skoliose

☐ Bandscheibenvorfall Halswirbelsäule ☐ Arthrose (Kniegelenk)

☐ Bandscheibenvorfall Brustwirbelsäule ☐ Arthrose (Wirbelsäule)

☐ Bandscheibenvorfall Lendenwirbelsäule ☐ Arthrose (Hüftgelenk)

☐ Sonstige: ____________________ ☐ keine

Hatten Sie in der Vergangenheit einen Unfall oder eine Operation in den Bereichen Wirbelsäule, Hüfte oder Beinen?

☐ Ja ☐ Nein

Wenn Ja, welche und wann: ____

Hatten Sie während <u>der letzten 7 Tage</u> zu irgendeinem Zeitpunkt Beschwerden in einer oder mehreren der folgenden Körperregionen?

☐ Nackenregion ☐ Schulterregion

☐ Ellbogenregion ☐ Handgelenke/ Hände

☐ oberer Rücken/ Brustwirbelsäule ☐ unterer Rücken (Kreuz)

☐ Hüfte/ Oberschenkel ☐ Knie

☐ Knöchel/ Füße

An wie vielen Tagen innerhalb der letzten 6 Monate hatten Sie Schmerzen im unteren Rücken?

☐ Nie ☐ An 1-7 Tagen ☐ An 8-30 Tagen

☐ An mehr als 30 Tagen, aber nicht täglich ☐ Täglich

Falls Sie in den letzten 7 Tagen Schmerzen im unteren Rücken hatten, wie stark waren diese Schmerzen?

0 1 2 3 4 5 6 7 8 9 10

Keine Schmerzen **stärkste Schmerzen, die ich mir vorstellen kann**

Sind Sie der Meinung, dass „Fit im Forst" dazu beigetragen hat, Ihre eventuell vorhandenen Beschwerden bzw. Schmerzen in den jeweiligen Körperbereichen zu verringern? Bitte kreuzen Sie die jeweilige Spalte an, wenn sich Veränderungen ergeben haben.

Trug sehr viel dazu bei					
Trug viel dazu bei					
Trug dazu bei					
Situation ist unverändert					
Situation hat sich verschlechtert					

Sind Sie der Meinung, dass sich durch das Training Ihr Gesundheitszustand verbessert hat?

Nein, gar nicht 1 2 3 4 5 6 Ja, sehr

Sind Sie mit den Auswirkungen des Trainings auf Ihre Gesundheit zufrieden?

Nein, gar nicht 1 2 3 4 5 6 Ja, sehr

In welchem Ausmaß finden Sie Ihre Arbeit gewürdigt?

Überhaupt nicht gewürdigt 1 2 3 4 5 6 Sehr gewürdigt

Hat sich das „Betriebsklima" verbessert?

Überhaupt nicht verbessert 1 2 3 4 5 6 Sehr verbessert

Wie haben Ihnen das Projekt und seine Inhalte gefallen?

Schlecht 1 2 3 4 5 6 Sehr gut

Würden Sie eine Weiterführung des Betriebssports „Fit im Forst" befürworten?

☐ Ja ☐ Nein ☐ Ja, aber in einer anderen Form

Fragebogen zum Gesundheitszustand (SF-36)

In diesem Fragebogen geht es um Ihre Beurteilung ihres Gesundheitsstandes. Der Bogen ermöglicht es, im Zeitverlauf nachzuvollziehen, wie Sie sich fühlen und wie Sie im Alltag zurechtkommen.
Bitte beantworten Sie jede der nachfolgenden Fragen indem Sie bei den Antwortmöglichkeiten die Zahl ankreuzen, die am Besten auf Sie zutrifft.
Dieser zweite Fragebogen ist notwendig, um dieses Projekt mit anderen in der Vergangenheit abgelaufenen Projekten zu vergleichen. Daher auch die allgemein gehaltenen Fragen.

1. Wie würden Sie Ihren Gesundheitszustand im Allgemeinen beschreiben? (Bitte kreuzen sie nur eine Zahl an)

Ausgezeichnet	1
Sehr gut	2
Gut	3
Weniger Gut	4
Schlecht	5

2. Im Vergleich zum vorangegangenen Jahr, wie würden Sie Ihren derzeitigen Gesundheitszustand beschreiben? (Bitte kreuzen sie nur eine Zahl an)

Derzeit viel besser als vor einem Jahr	1
Derzeit etwas besser als vor einem Jahr	2
Etwa so wie vor einem Jahr	3
Derzeit etwas schlechter als vor einem Jahr	4
Derzeit viel schlechter als vor einem Jahr	5

3. Im Folgenden sind einige Tätigkeiten beschrieben, die Sie vielleicht an einem normalen Tag ausüben. Sind Sie durch Ihren derzeitigen Gesundheitszustand bei diesen Tätigkeiten eingeschränkt? Wenn ja, wie stark? (Bitte kreuzen sie in jeder Zeile nur eine Zahl an)

Tätigkeit	**Ja, stark eingeschränkt**	**Ja, etwas eingeschränkt**	**Nein, überhaupt nicht eingeschränkt**
Anstrengende Tätigkeiten, z.B. schnell Laufen, schwere Gegenstände heben, anstrengenden Sport treiben	1	2	3
Mittelschwere Tätigkeiten, z.B. einen Tisch verschieben, staubsaugen, kegeln, Golf spielen	1	2	3
Einkaufstaschen heben oder tragen	1	2	3
Mehrere Treppenabsätze steigen	1	2	3
Einen Treppenabsatz steigen	1	2	3
Sich beugen, knien, bücken	1	2	3
Mehr als 1 km zu Fuß gehen	1	2	3
Mehrere Straßenkreuzungen weit zu Fuß gehen	1	2	3
Eine Straßenkreuzung weit zu Fuß gehen	1	2	3
Sich baden oder anziehen	1	2	3

4. Hatten Sie in den vergangenen vier Wochen aufgrund Ihrer körperlichen Gesundheit irgendwelche Schwierigkeiten bei der Arbeit oder anderen alltäglichen Tätigkeiten im Beruf, bzw. zu Hause? (Bitte kreuzen sie in jeder Zeile nur eine Zahl an)

Schwierigkeiten	**Ja**	**Nein**
Ich konnte nicht **so lange** wie üblich tätig sein.	1	2
Ich habe **weniger** geschafft, als ich wollte.	1	2
Ich konnte **nur bestimmte** Dinge tun?	1	2
Ich hatte **Schwierigkeiten** bei der Ausführung (z.B. musste mich besonders anstrengen)	1	2

5. Hatten Sie in den vergangenen vier Wochen aufgrund seelischer Probleme irgendwelche Schwierigkeiten bei der Arbeit oder anderen alltäglichen Tätigkeiten im Beruf bzw. zu Hause (z.B. weil Sie sich niedergeschlagen oder ängstlich fühlen)? (Bitte kreuzen sie in jeder Zeile nur eine Zahl an)

Schwierigkeiten	**Ja**	**Nein**
Ich konnte nicht **so lange** wie üblich tätig sein.	1	2
Ich habe **weniger geschafft**, als ich wollte.	1	2
Ich konnte nicht so **sorgfältig** wie üblich arbeiten.	1	2

6. Wie sehr haben ihre körperliche Gesundheit oder seelischen Probleme in den vergangenen vier Wochen Ihre normalen Kontakte zu Familienangehörigen, Freunden, Nachbarn oder zum Bekanntenkreis beeinträchtigt? (Bitte kreuzen sie nur eine Zahl an.)

Überhaupt nicht	1
Etwas	2
Mäßig	3
Ziemlich	4
Sehr	5

7. Wie stark waren Ihre Schmerzen in den vergangenen vier Wochen? (Bitte kreuzen sie nur eine Zahl an.)

Ich hatte keine Schmerzen	1
Sehr leicht	2
Leicht	3
Mäßig	4
Stark	5
Sehr stark	6

8. Inwieweit haben die Schmerzen Sie in den vergangenen vier Wochen bei der Ausübung Ihrer Alltagstätigkeit zu Hause und im Beruf behindert? (Bitte kreuzen sie nur eine Zahl an.)

Überhaupt nicht	1
Etwas	2
Mäßig	3
Ziemlich	4
Sehr	5

9. In diesen Fragen geht es darum, wie Sie sich fühlen und wie es Ihnen in den vergangenen vier Wochen gegangen ist. (Bitte kreuzen Sie in jeder Zeile die Zahl an, die Ihrem Befinden am ehesten entspricht). Wie oft waren Sie in den vergangenen vier Wochen.....

Befinden	**Immer**	**Meistens**	**Ziemlich oft**	**Manchmal**	**Selten**	**Nie**
...voller Schwung?	1	2	3	4	5	6
... sehr nervös?	1	2	3	4	5	6
... so niedergeschlagen, dass Sie nichts aufheitern konnte	1	2	3	4	5	6
... ruhig und gelassen?	1	2	3	4	5	6
... voller Energie?	1	2	3	4	5	6
... entmutigt und traurig?	1	2	3	4	5	6
... erschöpft?	1	2	3	4	5	6
... glücklich?	1	2	3	4	5	6
... müde?	1	2	3	4	5	6

10. Wie häufig haben Ihre körperliche Gesundheit oder seelischen Probleme in den vergangenen vier Wochen ihre Kontakte zu anderen Menschen (Besuche bei Freunden, Verwandten, usw.) beeinträchtigt? (Bitte kreuzen sie nur eine Zahl an.)

Immer	1
Meistens	2
Manchmal	3
Selten	4
Nie	5

11. Inwieweit trifft jede der folgenden Aussagen auf Sie zu? (Bitte kreuzen sie in jeder Zeile nur eine Zahl an)

Aussagen	**Trifft ganz zu**	**Trifft weit-gehend zu**	**Weiß nicht**	**Trifft weitgehend nicht zu**	**Trifft überhaupt nicht zu**
Ich scheine etwas leichter als andere krank zu werden.	1	2	3	4	5
Ich bin genauso gesund wie alle anderen, die ich kenne	1	2	3	4	5
Ich erwarte, dass meine Gesundheit nachlässt.	1	2	3	4	5
Ich erfreue mich ausgezeichneter Gesundheit	1	2	3	4	5

Wir danken Ihnen herzlich für die Beantwortung dieses Fragebogens und wünschen Ihnen weiterhin alles Gute!

Rückenschmerz-häufigkeit	Intervention			Kontrolle		
	MW	SD	Effekt	MW	SD	Effekt
prä	1,76	± 1,04		1,85	± 1,07	
post	1,44	± 0,99	*	1,77	± 0,83	n.s.

Tabelle 1: Häufigkeit der Rückenschmerzen in den vergangenen sechs Monaten. (0 = nie, 1 = an 1-7 Tagen, 2 = an 8-30 Tagen, 3 = an mehr als 30 Tagen, aber nicht täglich, 4 = täglich)

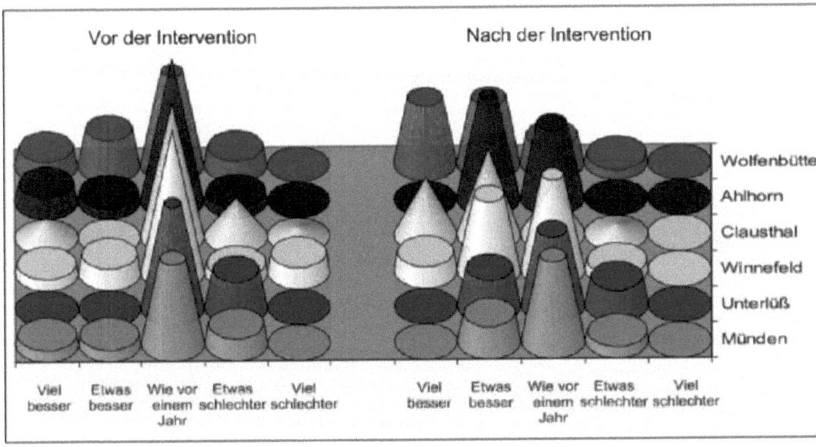

Abbildung 1: Verteilung der Gesundheitsverbesserungen lt. SF-36 je Forstamt.